知识就在得到

目录

前言：创作本书的初衷

第一章
生活中的领导力挑战

带着目标育儿，让事业和生活达成共赢 / 8

即刻开始，确认共同目标 / 14

寻求支持，做生活的驾驶员 / 17

19
第一部分：你和伴侣

第二章
一起展望未来

找到共同的价值观 / 25

制定共同的愿景 / 34

想象共同的未来 / 38

第三章
审视四位观

用四位观看生活的全貌 / 53

观察四个领域在生活中是如何相互影响的 / 59

用创造性思维克服障碍 / 64

审视夫妻的共同生活 / 68

用领导力改进你们的共同生活 / 73

79
第二部分：你的生活

第四章
你和孩子

孩子会给你带来哪些改变 / 85

孩子们会对你有哪些需求 / 95

如何与伴侣达成育儿共识 / 102

如何与孩子沟通 / 105

第五章
你和同事

如何主动了解你的上司 / 117

如何与员工沟通 / 124

如何向同事寻求支持 / 129

如何搭建更广泛的关系网 / 132

第六章
你和亲朋邻里

寻找支持者 / 143

加强与保育员和教师的沟通 / 148

融入社会活动组织 / 153

改善与亲属的关系 / 158

167
第三部分：尝试改变

第七章
寻找新方法

像变革推动者一样思考 / 173

追求家庭四赢 / 177

合力创造改变 / 192

第八章
新的启发

反思实验 / 213

互相辅导 / 217

欢迎惊喜 / 220

225
后记

227
附录：互导交流

练习目录

第一章
练习一：确定你自己的目标 / 15
练习二：确定你们的共同目标 / 16

第二章
练习三：确定你的价值观 / 30
练习四：询问伴侣的价值观 / 32
练习五：描述你们理想中的一天 / 40

第三章
练习六：用四位观审视你的生活 / 60
练习七：用四位观评估伴侣 / 70

第四章
练习八：为人父母意味着什么 / 93
练习九：列出你的孩子需要什么 / 99
练习十：寻找育儿共同点 / 103
练习十一：与孩子交谈 / 108

第五章
练习十二：和你的领导聊一聊 / 122
练习十三：和你的员工聊一聊 / 127
练习十四：和同事及职场中的其他人聊一聊 / 136

第六章
练习十五：甄别朋友 / 147
练习十六：认可保育员和教师的工作 / 151
练习十七：选择适合的社会活动 / 156
练习十八：如何与重要亲属沟通 / 161
练习十九：和会给你支持的人谈一谈 / 164

第七章
练习二十：构思实验 / 193
练习二十一：创建实验方案 / 198

第八章
练习二十二：对比实验前后的四位观 / 209
练习二十三：反思你的实验 / 216
练习二十四：收获果实 / 224

表格目录

表 3-1　我的四位观 / 61
表 3-2　伴侣的四位观 / 70
表 7-1　六项家庭实验 / 190
表 7-2　实验记分卡 / 201
表 8-1　肯和阿什利四位观的变化 / 207
表 8-2　我现在的四位观 / 210
表 8-3　伴侣现在的四位观 / 211

前言

创作本书的初衷

我们写这本书的目的是将科学的领导方法运用到育儿领域，从而帮你摆脱混乱和失控的状态，和家人共同寻找一种全新的方式来应对事业、家庭和生活中所面临的各种挑战。我们有着十几年作为研究员、教育工作者、顾问和指导者的经验，可以利用这些经验帮助你平衡工作、社交和家庭的各个方面，从而让你在生活的各个方面都能成为领导者。

我们完全相信，你有能力让一切变得更好。

你一直在努力成为合格的父母，努力成为事业上的佼佼者，并见缝插针地经营着那些重要的人际关系。与此同时，你还要确保自己拥有一个健康的身体和良好的精神状态。不论你多么能干，要想同时完成这些事情，都难如登天。但其实在这条路上，你并不孤独。

通过参加我们的父母领导力研讨班，许多因未能面面俱到而深感内疚的父母都发现，尽管方式不同，但其实大多数父母都面临着和自己一样的烦恼，也都在为此挣扎——他们因而感到释然。

在合作过程中，我们见证了许多父母的改变——他们学会了从全新的角度看待事物，生活的各个方面也因此变得更加和谐、更加出色。

通过阅读这些父母的故事，观察他们应对生活的方法，你将对追求自己想要的生活更有信心。

我们希望你能以打造充满成就感、意义感、富有创造力的生活为目标，并为之努力。同时，我们也希望通过使用我们的方法，让你的家庭、工作、社交，以及个人成长都能变得更加美好，你的世界也能更加辽阔。不过，我们之所以要开发这套专为父母设计的方法，其实还有很多更深层次的原因。

*

以下是本书作者之一——斯图尔特的话："我在（美国）密歇根大学获得组织心理学博士学位后，又在宾夕法尼亚大学沃顿商学院担任管理学教授。我早期工作的重点是了解高效的领导者是如何取得成功的。然而在有了第一个孩子（三十多年前）后，我改变了我的研究方向。因为彼时的我才深刻地理解了自己在学生时代从一些著名学者那里听到的一些道理：人们不应该为了工作而把生活的其他部分束之高阁。此后，我便开始研究领导力在家庭、社交等领域的运用，并同时在教学、咨询等工作中努力寻求让生活和工作得以和谐共生的方式。"

在20世纪80年代末和20世纪90年代初，无论是在商学院还是在整体商业文化中，关注职场人的全面发展都不是主流话题。当时有关"工作和生活"领域的新兴的研究话题大多聚焦于支持女性走出家门追求自己理想的职业，以及女性该如何在职场中获得与男性平等的待遇。

在最近的一场关于"工作和生活"的会议中，我竟然无意中成了男性发言人之一（之所以强调男性，是因为当时包括我在内的参会人员只有男性）。让人欣慰的是，此后我们确实取得了一些进步，但在未来，我们还有很长的路要走。

在我执教于沃顿商学院的不下十五年的漫长岁月里，我那些攻读MBA（高级工商管理学硕士课程）的学生们一直强烈要求我为家长们编写一本育儿指南。于是，这本书应运而生。但我写作这本书更深层次的动力其实来源于我的家庭：我和妻子哈莉有三个孩子，他们现在都处在二三十岁的年纪。我在六十五岁生日时，唯一想要的礼物，便是让他们写信告诉我，他们希望我在剩下的岁月里做些什么事情，以及这些事情对他们有何意义。为此，我还请求他们花一个小时的时间，分别就此事与我进行一对一的讨论（是的，这算是教授给家人们布置的一项作业）。而后，他们都告诉我，认为我对领导力在育儿领域的应用研究不仅对我们的家庭有益，还有一定的社会价值。从这些谈话中，我得到了更多创作本书的灵感。

除此之外，我还需要一位研究伙伴和朋友——她得是位有自己的事业的年轻母亲，同时还是位小有成就的学者——我需要她的经验和知识来与我共同开展研究。

*

以下是本书作者之一——艾丽莎的话:"早在本科毕业时,我就想进入心理学研究领域,研究如何帮助人们更好地在事业和个人生活之间游刃有余。早在那个时候,我就开始为自己未来的职业规划和如何抚养想象中的孩子而苦恼感到(十多年后,我才有了孩子)。因此,我对这个话题的热情并非巧合。我在密歇根州立大学攻读组织心理学博士学位期间,曾在学术研究上取得过一些成绩,但我更渴望自己的研究成果能真正对人们的生活产生影响。为此,我开始寻找在心理学领域从事一线工作的学者,然后我就找到了斯图[1]。

斯图的工作非常注重实证,也具有实操性。我给斯图发了邮件,询问我们是否可以一起工作。于是在此后的十三年里,斯图就成了我的导师,而我成了我们公司"全面领导力"模型的研究主管。这个模型有助于人们不断地调整自己的行为模式,并通过平衡生活的各个方面来提高工作效率。在模型迭代的过程中,我的任务是确定哪些是有效的,哪些是无效的。在成为德保罗大学管理和创业学终身教授之后,我继续和斯图合作,并最终写成了这本书。对我来说,如果能够找到一条可以缩小学术研究和日常生活之间的差距的道路,实在是非常开心的事情。

如今三十九岁的我有了两个年幼的孩子——一个八岁,一

---

[1] Stew,斯图尔特的昵称。——译者注(以下若无特殊说明,均为译者注)

个十岁。作为一位职场妈妈，所有职场父母不得不面临的挑战，我都感同身受。在担任终身教职的前一周，我得知母亲患了脑癌；后来我的丈夫意外被迫成为全职爸爸，我经历了起起伏伏的生活，也有了一些宝贵的感悟。当然，也有不少尴尬。

即便如此，我从未停下脚步，并一路走到了如今。在为本书拍摄的一段视频里，我的丈夫当时就在我身后追着我们一丝不挂的小女儿满客厅地跑，而我只能努力保持专注。依靠我们自己的研究、我们所在领域的学术成果，以及与客户和学生（既有大学生，也有MBA）合作的经验，虽然我们深知并没有唯一正确的解答，但我和斯图仍会尽力帮你找到适合你和你家人的方法。"

*

为了这个世界的现在和未来，更为了你的子女，你需要学会在生活的各个方面运用领导力。因此，我们邀请你阅读本书，了解我们的工具。当今世界，数字化来势汹汹，人们的需求五花八门，性别角色更是发生了革命性的变化；加之政治局势紧张，人类在地球上的生存环境越来越糟糕……而借助我们的工具，你可以建立更为稳固的人际关系，更深入地参与社会生活，进而掌控自己的生活，走向成功。

Parents Who

LEAD

第一章
生活中的领导力挑战

Parents Who

早在十五岁的时候，蒂娜·奥特曼和杰克·森特就在夏令营认识了，但他们却直到二十五六岁，且都在纽约生活时，才开始约会。三年后，他们喜结连理，现在已经有了两个精力充沛的儿子——七岁的伊恩和四岁的凯西。

杰克是南卡罗来纳州查尔斯顿市的一名执业律师，他在工作中正稳步上升，即将成为律所的合伙人。最近，他开始学习冥想，但这并不能消除他为平衡工作和家庭而受到的压力。蒂娜在大学毕业后便开始从事市场营销工作，但她最近遇到了职业瓶颈，想找一份更能实现个人价值的工作，并因此选择了转行。蒂娜来向我们寻求帮助时，已于一周前入职了一家非营利基金会，担任执行董事。

这对夫妇的生活看似有条不紊——他们都很关注自己的事业，也非常关心夫妻感情，当然也很在意亲子关系。然而随着沟通次数的增加，我们发现他们总是在赶时间，总是在跟别人竞争，几乎无法控制自己的工作量。与此同时，他们还要努力从家庭生活中寻找乐趣。杰克说道："每当工作压力大时，我就会对家庭生活感到力不从心。我常常对蒂娜和孩子发脾气，甚至对他们大吼大叫，但事后我都很后悔。我实在不喜欢让工作占用我太多的注意力，但我实在无能为力。"

与此同时，蒂娜也面临着严峻的挑战，只是情况略有不同："即便在家里，我也不得不为工作的事分心，甚至当我和杰克或孩子们在车里时也会如此。总是处理不完的电子邮件、短信，以及总是响个不停的手机，让我根本无法好好陪伴家人。我因此非常内疚，总觉得自己不是一个好妈妈，想尽力弥补。但只要工作出现麻烦，我仍会不由自主地投入其中。我经常觉得自己和最亲密的人脱节了。"

蒂娜和杰克都意识到他们目前的生活并不是自己所希望的样子，因此尽管有些胆怯，他们还是同意参加我们根据斯图的《全面领导力》一书中的理念所设计的，专门为家长所开办的研讨班。大多数参加我们研讨班的人都有类似的感觉：**虽然生活一路高歌猛进，掌握方向盘的却并不是他们。**

很多夫妇都有着与蒂娜和杰克相同的感受。他们希望能有所改变，但认为自己一直在孤军奋战，同时深陷于强大的生活惯性难以自拔。更为致命的是，他们不相信有更好的方法。对于如何获得更强的掌控感、如何创造有意义的变化,他们感到茫然无措。

同为父母,你当下的生活也许并不如意。其实你只是太累了——你厌倦了一边应对繁忙的工作日程,一边照顾家庭;厌倦了被动地等待事情尘埃落定;厌倦了在工作中、在最亲密的人际关系中、在与朋友和亲戚的交往中,感受自己的无力——或者你只是单纯地因为睡眠不足而感到疲惫。其实有这种感觉的并不是你一个人,我们也经历过这些,而且我们还帮助过许多和你有着相似经历的人。

他们是这样说的:

- 我的孩子、同事、伴侣和朋友,他们都应该得到更好的,而我让他们失望了。
- 我没有足够的时间成为我想成为的那种父母。
- 只要安排合理,我就能拥有一切。
- 我需要彻底改变自己的生活,才能让事情顺利推进。
- 我无法掌控自己的处境,所以也无力改变现状。
- 其他人难以理解我究竟经历了什么,所以我真的只能靠自己。
- 我的朋友们太忙了,根本没时间帮助我,而我也不想打扰他们。
- 我和伴侣在育儿方面的想法并不一致。
- 我不是家庭中的领导者。

只要你有以上想法中的任意一条，那么你无论如何都难以成功。但我们的研究表明，其实你的思维方式是可以改变的。你可以采用领导原则和工具向这些想法发起挑战，并以全新的方式看待自己的生活。

全面领导力和追求四赢[1]

斯图在《全面领导力》一书中介绍了"四赢"的理念。通过这个理念，你可以重新建立生活中的不同部分之间的联系，并通过采取行动来提高自己在工作、家庭、社交，以及自我发展（即思想、身体和精神）四个方面的表现。"四赢"理念重新定义了"工作和生活的平衡"这一说法。过去，我们总认为如果想在工作和生活中的一方面获得成功，就势必牺牲另一方面。

但其实这并不总是一场零和博弈[2]。《全面领导力》侧重于帮助我们让生活的各个方面之间达成一种和谐的状态，或者对不同方面进行整合。而要实现这一点，我们就需要做到真实（明确什么是重要的）、完整（尊重人的全面发展）和

1　［美］斯图尔特·D.弗里德曼：《全面领导力》，王磊译，商务印书馆2012年版。在这本书中，作者认为借助全面领导力，人们不仅能实现工作、家庭、社交和自我发展的"四赢"，还能在所有看上去毫不相关的生活领域里都取得不俗的表现。

2　一个参与者的收益等于另一个参与者的损失，因而总和为零。平时，我们打牌就是零和博弈，有人赚就有人赔，但牌桌上并没有产生新的价值。

创新（不断实验，将事情做好）。

我们的研究表明，在使用我们的方法后，职场父母对职业的满意度提高了17%，对家庭生活的满意度提高了31%，对人际交往的满意度提高了39%，对个人幸福的满意度更是提高了54%，可见效果非常显著。此外，他们还表示自己的身心健康状况至少改善了23%，压力也减轻了31%。

如果你读过《全面领导力》，可能会在后面的章节中看到一些领导力的基本原则，而这些原则会在本书中以焕然一新的方式被应用。如果你对《全面领导力》还不熟悉，也不用担心，我们将为你提供重新设计过的基础知识，帮助你应对即将面临的挑战。我们将在本书中告诉你，作为父母，该如何用"四赢"的方法看待自己的世界，以及如何将自己的生活视为一个整体，而不是无穷无尽地妥协。阅读本书后，你将形成一个新的认知：在生活中，没有任何一部分是孤立存在的，你会更好地决定如何使用自己最宝贵的"资产"——注意力。此外，你也能更理智地设定工作和家庭之间的界限。

"四赢"理念可以让你重新认识自己和伴侣在工作、家庭、社交，以及自我发展这四个方面的现状。而后，你将就如何让家庭追求"四赢"产生切实可行且令人兴奋的想法。

与《全面领导力》一样，本书无关生存策略或生活技巧，而只是一本关于该如何打造有意义的生活的指南，且其有效性得到了很多父母的验证。我们的方法并不追求面面俱到，而是力图从繁杂的生活中选择重要的事加以改善，选择重要的人加强联系，并找寻新的路径改善生活。

心理学、社会学和领导力研究等方面的文献表明，作为领导者的成长与作为父母的成长有着很多共同之处。我们以此为基础，开发了一种专门为职场父母设计的领导力方法。

通过书中的练习你会发现，对于该如何在生活中扮演好所有角色，尤其是父母的角色，你过去的看法很可能是存在错误。为此，我们将引导你采取系统的行动，帮助你审视自己的想法。

你可以通过我们的工具，以自己的方式定义成功，与生活中的人建立更有意义的联系，并尝试用新的方法处理好自己的工作、家庭、社交，以及自我发展间的关系。

带着目标育儿，让事业和生活达成共赢

养育孩子其实就是一场领导力挑战，甚至是我们所面临的最为重要的一场领导力挑战。为人父母需要无穷无尽的精力和耐心，我们的缺点会在这个过程中暴露无遗，疲惫和困惑更会时时刻刻将我们包围。如果我们想让孩子过上幸福、有同理心且自信的生活，就必须明确我们究竟该做些什么。与此同时，也要兼顾我们自己生活中的其他方面。

参与研讨班的家长们大都深为震撼。他们惊讶地发现，自己作为父母确实是领导者，有着动员全家人朝着重要的目标前进的能力——原来他们不仅可以成长为职场上的领导者，还能成为他人生活的领导者。父母们意识到，无论他们是否在工作中担任正式的领导职务，都有责任激励他人。在此之后，他们不再仅仅把自己视为生活的管理者，只对各类事项起推动和监督作用，而是以领导者自居，并有意识地设计一个可以实现的未来——一个他们真正想要的未来。

我们的目标是通过教育、激励和督促，让你把自己当作领导者，像领导者一样思考和行事。但与此同时，你既不会像传统意义上的领导者那样掌握至高的权威，也不会像身处某个组织或政治环境中一样要去管理他人。**作为领导者，要能看到触**

发改变的契机，并激励人们共同追求更加美好的未来。

我们将在接下来的章节中为你提供行动指南，让你明白什么才是真正重要的事，如何与最重要的人建立信任并稳固关系，以及如何成为你想成为的人。我们会详细解释并举例说明，与你共同深入研究一些育儿伴侣——比如蒂娜·奥特曼和杰克·森特的故事。我们希望你能从这些故事中得到启发，并思考接下来该如何行动。

树立共同愿景

行动触发改变，为了所做出的改变是有意义的，首先，你最好能够生动地描绘你所期待的生活。但听起来容易的事放在家庭的背景下，就不容易了——你不仅要明确自己的生活愿景，还要能清晰地描述伴侣和子女的生活愿景，并找到这些愿景的共同之处，最终形成家庭的共同愿景。这个共同愿景既可以让你们每个人自由地追求自己的未来，实现你们的自我价值，同时还要能把你们团结在一起。

或许你的伴侣与你有着不同的梦想，但别担心，我们会帮你们找到共性，让你们携手同行。我们不会一味地规定你们该如何做，而是帮助你们寻找共同愿景，让其指引你们的生活。

采用四位观

为了更好地向共同的愿景前进，你们需要客观地评估现状。我们可以采用四位观的方式充分留意生活中的事务是如何相互影响的。

首先，请你认真思考一下现在的自己是否快乐，对自己生活中的各个方面是否满意？其次，你不仅要反思自己的生活，还要坦诚地与伴侣、子女，以及其他亲友交流你的感受和想法。即便如此，通常情况下，家人和亲友也很难理解你在不同处境中的不同感受。

有时候，审视生活的全貌就意味着不得不诚实地面对为人父母消极的一面，比如内疚、恐惧，以及缺乏成就感。但高效的领导者是不会因为不安或不便就逃之夭夭的。审视生活会帮助你以全新的方式了解你自己，与家人真诚而热忱地沟通则对家庭的长远未来有所助益。

让子女参与进来

随着沟通的深入，你可能会惊讶地发现，其实你的孩子对家庭生活有着许多想法。因此，我们将帮助你以更适合的方式进行亲子谈话，讨论你们的家庭价值观以及共同愿景。随后你将发现，在你或含蓄或明确地给孩子传递了这些重要信息后，你们之间的距离就自然而然地拉近了，你们的关系也有了进一步改善。

除此之外，孩子们关于一家人可以在一起做什么的建议也都非常有创意，甚至令人哭笑不得。

在我们的研讨班中，有一位名叫多米尼克·马丁的单身父亲。多米尼克偶然发现，自己四岁的儿子里奥迫切地希望学习一些自己从未做过的事，比如用真空吸尘器吸尘。此后，多米尼克不仅多了个做家务的帮手，还借此机会找到了他们父子俩的共同价值观——愿意学习自己没尝试过的新鲜事物。

另外，其实孩子们不一定需要你花很多的时间陪伴他们，他们可能只是希望你能在陪他们时把手机和待办事项抛开，全情投入地享受亲子时光。因此，只要你打开沟通的渠道，并让孩子和你一起做出改变，那么许多极富吸引力又切实可行的点子就会纷至沓来。

与同事沟通

对于许多人来说，工作不仅是收入来源，更是打造身份的利器。工作不仅影响着我们的自信心和目标感，也塑造着我们的社交网络。毋庸置疑，工作在我们的生活中扮演着至关重要的角色，但我们其实并没有仔细思考过我们究竟该在何时何地工作，以及该如何展开工作。

我们都承认，工作是头等大事，为了工作需要，我们只能让生活中的其他一切事务为工作让路，甚至减少睡眠、放松和陪伴子女的时间。

那么，我们该如何改善自己的工作状况，以及和家人的相处状况呢？改变的机会并不会主动送上门，而是需要你主动发掘。

老板、同事、下属、客户、投资者、导师，甚至前同事，都可以帮助我们成为成功的父母。同时，我们在事业上的成就也势必会影响子女的生活，甚至包括他们的情感和健康。我们将告诉你该如何增强那些对你的职业、家庭至关重要的人际关系。这样一来，你就可以建立一张积极的人际关系网络——这些人既希望看到你从容地应对工作中的挑战，也希望你能在工作之外收获精彩的人生，尤其是成为成功的父母。

打造人际关系网

有一句古老的谚语："养育一个孩子需要全村的力量。"但对于该如何在真实生活中构建一个养育孩子的"村庄"，我们常常无从下手。

你可能觉得自己和大多数职场父母一样，根本没有足够的时间用于社交。你可能还会觉得自己与其他人脱节了——平时和自己有联系的只有工作和家庭中那屈指可数的几个人。其实，我们需要让其他人参与我们的家庭经营，比如邻居、保姆、朋友和亲戚等，我们需要采用适当的方法，让他们愿意与我们协作。

首先，你得学着改变自己对人际关系的看法——每个人都是他自己，同时也是别人的合作伙伴。其次，你要试着通过合作发现一些能增强现有人际关系的机会，让一些朋友进入你的生活，给你带来切实的好处。

我们将向你展示打造"村庄"的方法，让你既能获得归属感、团队感，也能收获真正的支持。如果你能在这个过程中更好地理解人与人之间相互支持的关系，那么你就会获得更充裕的时间和更充沛的精力。

尝试新方法

把一块鹅卵石扔进水池，涟漪会随着时间的推移逐渐扩大。同样，我们只要做出一些小小的改变，就可能影响我们生活的方方面面。

接下来，我们将与你分享其他父母尝试过的改变生活的方法，并指明哪些方法有效，他们又从中学到了什么。当事情没有按计划推进时，他们又分别采取了哪些应对措施？我们将带你感受"小成就"的力量，以及学习如何利用这些力量，让自己成为生活中真正的领导者，经营一个幸福的家庭。

以全新的方式看待自己

这些反思、对话和实验，最终都会带来一个结果：你将以全新的方式看待自己——你将看到自己以前所未有的方式施展领导力，你会发现自己变得越来越强大，甚至能够在这片名为"生活"的海洋里畅快地游泳，而不是只能勉强把头露出水面，挣扎求生。

我们会帮你反思你所学到的一切，以及你是如何成长的；帮助你巩固与伴侣的关系，把你们打造成一个团队。只有被你们的共同愿景所激励，你才能不断成长。

即刻开始，确认共同目标

　　这些简单易懂的方法的确可以帮你不断地改变。而难点在于，你是否能在这个过程中做到深思熟虑、坦率的交流？你可以按自己的节奏大胆去做，但切忌匆忙完工。

　　想要掌控自己的生活，既需要个人的努力，也需要与伴侣共同思考、积极行动。虽然统一双方的想法势必困难重重，但也蕴藏着许多乐趣。

　　莉莉·康拉德是一名项目经理，她有一个三岁的女儿扎娜。在参加我们的研讨班后，莉莉说："研讨的过程确实很伤脑筋，但结果非常不可思议！我遇到的所有困难，比如怎么认清自己、了解自己所看重的到底是什么；又比如认清伴侣、加强联系；等等，这些问题最终都得到了解决。"

　　反思、做记录和交谈……这些建议看起来像是在给你的生活增加负担，因为实践它们需要时间。同时，它们还会迫使你认识到一些生活的真相，要你硬着头皮开启一些艰难的对话。但是，打破现状才是我们追求幸福的开始。

　　在你向伴侣分享自己的育儿目标前，先让我们回顾一下团队合作的指导方针。比如，我们要尽自己最大的努力不对伴侣的观点或需求做出评判，而是提出一些经过深思熟虑的问题。

同时，鼓励伴侣更深入地表达他们的想法和感受，而你扮演倾听的角色即可。这样不仅能增进你们对彼此的了解，还能加深你们对自己的了解，而这些都是持续成长的关键。

> **练习一：确定你自己的目标**
>
> 请你写下这些问题的答案，并与伴侣分享。
>
> 1. 我们知道你很忙，所以你为什么还要从日程表中抽时间来做这件事呢？这件事对你有什么好处？是为了你的子女、你的事业，还是为了那些对你来说很重要的人际关系？换句话说，在理想情况下，你读完本书后在想法、感觉和行动上有什么不同？
>
> 2. 关于本书，你最期待的是什么？
>
> 3. 关于本书，你最恐惧的是什么？

你不需要全盘同意伴侣的想法或做法。即使你们有着不同的目标、价值观和处世之道，但你们依然可以相互支撑，共同扮演好父母的角色。我们应该用尊重的态度与伴侣交谈，并意识到对话虽然艰难，却是迈向未来的重要一步。

对于合作，我们要有自己的智慧，你大可以利用对彼此的了解，找到最适合你们的交流方式。一些伴侣发现，阅读彼此的活动记录有利于他们更为细致地展开交谈；有些人则喜欢直接向伴侣表达自己的看法；还有些夫妇发现，等晚上孩子们都睡着后再进行谈话，可以让他们在宁静的氛围中增进感情；有些人则发现，自己在午夜时分往往会因为太累而表现得脾气暴躁。

你就是自己的专家，无论是你还是你的伴侣，都不要害怕尝试用不同的方式阅读这本书。你们一起探索、互相指导，你们要彼此支持，更要彼此监督，而不是独自完成。只有这样，你们才能摆脱困境，共同朝着目标前进。

练习二：确定你们的共同目标

请你记录你们对以下问题的答案，明确你和伴侣阅读这本书的共同目标。

1. 你们阅读这本书的共同目标是什么？

2. 你们的个人目标分别是什么？

3. 通过讨论阅读本书的目标，你们发现了什么？

寻求支持，做生活的驾驶员

在开始进一步讨论之前，我们还要补充几个基础问题。

首先，我们是组织学学者，职场上和生活里的领导力与人际关系是我们的专业领域。同时，我们也为人父母。尽管我们确实可以处理一些儿童的身心健康问题，也做过父母职业影响子女情绪健康的研究，但我们既不是婚姻咨询师，也不是儿科医生、儿童辅导员，或早教专家。

我们将根据自己所学为你提供指导，但如果你的家庭遇到了特殊挑战，或需要专家的专业支持，那么我们鼓励你向他们寻求帮助。

此外，我们还鼓励你寻找愿意与你一道反思、对话和成长的其他父母合作，这会让你有源源不绝的动力做出积极改变。在我们的研讨班上，父母们互相辅导，阅读彼此所写的内容，并提供反馈，分享自己的经验和想法。

本书是为育儿伴侣两个人准备的，书中的活动有些可以单独完成，有些则需要两个人共同完成（可以只由一个人来读本书，不过两个人一起读效果会更好）。许多单身父母的育儿伴侣并不是他们的婚姻或恋爱对象，而是亲密的朋友、亲戚、保姆，或是他们自己的父母或其他人。如果你也是单身父母，就会在这个过程中发现自己其实并不是孤立无援的，你完全可以发展重要的人际关系来帮助你，包括你的亲戚、同事、朋友以及邻居等。

许多父母仿佛坐在一辆由自动驾驶系统操控的汽车里，不得不接受发生在生活中的各种事情，而对于要驶向何方，他们只能随波逐流。他们很少停下来反思自己的做事方式以及自己这样做的原因。在这本书中，我们将督促你关掉自动驾驶系统，重新审视自己、伴侣、子女，以及你们的共同生活。

这时你可能会发现，自己竟然不愿意以不同的方式看待事物或做事。因此，当内心涌起抵触情绪时，你一定要提醒自己，现在所做的事情是正确的。如果按照本书的指示行事让你觉得轻轻松松，那么你可能很难有所收获。

通过与世界各地成千上万的人合作，我们发现，把自己想象成一个寻求新知识的科学家是个不错的办法——强烈的好奇心会让你充分利用这本书。当你努力让事情变得更好时，改变就会发生，而你的子女也会从这些改变中受益。他们会向你学习，因为你为他们示范了如何才能用心生活。

Parents Who
LEAD

第一部分

01

你和伴侣

Parents Who
LEAD

第二章
一起展望未来

Parents Who

带领家庭走向未来同带领团队走向未来一样,都需要我们明确自己的方向,以及我们为什么要去往这个方向。

蕾切尔·斯坦纳和乔希·斯坦纳住在芝加哥市中心,他们有两个孩子——即将三岁的塞缪尔和仅十个月大的伊桑。现在,我们邀请蕾切尔和乔希"穿越"到十五年后,生动而具体地描述一下他们理想中的未来的某一天。

蕾切尔这样写道:

十五年后,在二月的一个星期四,早上六点半的闹钟叫醒了我们。我们跳上情侣动感单车,骑行了三十分钟。我们有四个孩子,其中三个是亲生的,一个是领养的。此时他们都长大了，不但可以自己起床、穿衣服，还可以自己做早餐。他们上学后，我们夫妻共进早餐，然后一起步行到位于卢普区的办公室。我在一家发展迅速的医疗保健咨询初创公司担任首席运营官，每天都有开不完的会，不仅要和其他高管密切合作，还要抽时间指导一两个有潜力的高级经理。乔希近期荣升为一家医疗中心的高级副总裁，职业路径同他早年的一位导师颇为相似。这天，乔希查看了几份研究资助申请书，并批准了一项对尖端医疗技术的投资。

下班后，我们开始分别为孩子们忙碌。我去为两个孩子打球加油，乔希则于下午四点离开办公室，去看另外两个孩子在学校的戏剧演出，并为孩子们的精彩表演感到非常自豪。我们一家人都在晚上七点半回到了家，一起坐下吃了一顿健康而温馨的晚餐。饭后，孩子们做完作业就早早地去睡觉了。晚上九点，我们参加了各自所在的公益组织的电话会议。晚上十点三十，我们回到卧室，结束了忙碌又满足的一天。

从某种程度上来说，蕾切尔和乔希十五年后的完美生活与他们当下的生活大相径庭。如今的他们还忙着照顾两个仍在穿纸尿裤的孩子，而在对未来的愿景中，他们竟然有四个孩子。现在，他们每人每周只能挤出一两次时间健身，而且自从有了孩子，他们就再也没有余力从事公益活动了。而在他们理想的未来中，他们要一起起床、一起健身，并任职于多家慈善机构的董事会。

不过在其他一些方面，这个愿景与他们现在的生活还是有所呼应的——蕾切尔和乔希并未设想搬到郊区或买游艇，他们设想的是自己仍从事着相同的专业和行业，只是职位更高了。

但这个共同愿景仍对蕾切尔和乔希产生了巨大影响，并让他们充满了动力。在和朋友喝咖啡时，蕾切尔主动提起了此事，乔希也在午餐时向一位同事讲起了夫妇二人的共同愿景。他们更加深切地意识到，他们作为伴侣，正在朝着更大的目标共同努力，而不是在日复一日的枯燥的工作和育儿中苦苦煎熬。他们开始迫不及待地改变生活，想要一步步接近愿景。

接下来，我们将带你走进蕾切尔和乔希构思共同未来的过程。我们把这个过程分解成了几个独立的步骤，以便你能够在最后得到一个激励你、引导你的家庭愿景。同时，我们也会发出预警，帮助你知道有哪些"地雷"，以及该如何避开它们。

命运是荒诞的，梦想更是非常容易破灭的，但这并不重要。阅读本书的目的不是制订一个计划，以应对未来十五年的所有突发事件，而是关注当下你真正该关心的是什么，这才是你的立足点。

正如我们在第一章中所说：这并不容易，但非常值得。

找到共同的价值观

价值观是建立愿景的基础,因此你应该在和伴侣构建共同愿景前讲一讲自己的价值观,以及哪些事对你们来说最为重要。

心理学家将价值观定义为"对人们非常重要的、稳定而广泛的生活目标"。让我们把这个定义分成几个不同的部分来理解。

首先,稳定就意味着你的价值观可能会有所改变,却不太可能产生巨大的变化。其次,价值观是宽泛的定义,不依赖于特定的时间、人物、地点或事项(去跳伞是目标,而冒险是一种价值观)。最后,价值观不能用来描述你目前的行为。它们描述的是你认为重要的东西,即使这些东西可能无法通过你的行为表现出来。比如,你的价值观可能是爱护地球和所有珍稀物种,但你未必会积极地为此投入大量的时间和精力。

要想成为一个善于鼓舞人心的领导者,理解并传达核心价值观是必不可少的能力,变革型领导、真诚型领导、道德型领导和服务型领导等领导理论无不认为,价值观传递是领导力的核心组成部分。那些清楚地了解自己的价值观,并能清晰地将其传达出来且言行一致的领导者,往往可以更为顺利地赢得追随者。

想想那些著名电影场景中人们展现领导力的情形：他们既可以是教练、工人，也可以是军事首脑，他们总是能坚定而充满激情地鼓励一群身处困境的人去克服困难，并最终取得胜利。要做到这一点，他们首先要确立自己的核心价值观。比如，"这就是我们，这就是我们所支持的"，才可以激励那些普通人发挥出非同寻常的能力。

为什么确立价值观对有效发挥领导力如此重要？因为，我们只有明确自己的价值观，才能有意识地做到知行合一。我们所流露的自信可以展现我们对自己观点的坚持，进而激励他人。就像在很多时候，孩子们其实不想听"就按我说的做"这种话，而是想要一个对他们为什么应该以某种方式行事的解释。当我们明确了自己的价值观，就可以做出深思熟虑后的选择，并对他人形成积极的影响。

作为职场父母，我们常常会被那些所谓重要的事牵绊。在我们成长的过程中，父母、学校和机构常常会影响我们的价值观，而我们中的许多人在成年后既没有反思过这些价值观，也并不真正明了自己是否愿意接受这些价值观并将其传递给子女。

作为成年人，我们会在工作和生活中不断吸收同事、邻居、伴侣和朋友的价值观，并将其内化为我们自己的价值观。这既是有意识的，也是无意识的。

例如，社交媒体会诱导我们同他人比较，让我们更加难以了解自己。当看到堂兄晒出一张健身后汗流浃背的自拍照时，我们或许会想：我也要每天健身！当看到前同事发布了自己升职的消息时，我们或许会想：为什么我还止步不前？当明星发布了他们亲手为子女布置的生日派对的照片时，我们又会想：同样是父母，我不仅懒，还缺乏想象力。不管我们是否意识到，这些比较都塑造了我们对成功的定义，会在不知不觉中推动我们接受他人的价值观，而不是巩固自己的价值观。只有当我们有意识地识别、阐明和表达自己的价值观时，才能抵抗自己内心深处对自我不切实际的期待，并从自己真正关心的事物出发做出判断。

然而，尽管花了无数时间撰写和谈论价值观，我（艾丽莎）最近还是陷入了"比较和绝望"的陷阱。近日，我在社交媒体上看到我一个研究生院的同学升迁了，当上了一所著名的商学院的院长。然后，我几乎立刻就开始质疑自己：为什么我当不了院长？随后，我就认为这可能是因为自己忙于照顾孩子而忽视了事业，而且我也不是"当院长的料"。所幸我很擅长关注自己的价值观，并时刻提醒自己对成功的定义。于是我就院长们是如何管理预算、监督政策执行情况和进行筹款等事宜，与自己进行了一次对话。我发现自己对这些事情毫无兴趣，而是更重视我的研究会如何帮助他人，但院长们几乎没有时间做这样的事。于是，我说服自己摆脱"我在某种程度上偏离了轨道"这一想法——我提醒自己：这不是我想要的人生。但对于那些既不善于发现自己的价值观，也不善于利用自己的价值观定义成功的人来说，这样的攀比不仅会让他们对自己和自己的职业轨迹感到不满，还可能导致更糟糕的结果：拼命在职场上寻求自己并不想要的晋升，或者自暴自弃。明确自己的价值观，避免走入"将自己的成功与他人的成功进行比较"的泥沼，我们可以忠于自己的目标，坚持成为我们真正想成为的人，而不会因受到诱惑而偏离目标。

为了激励你思考自己的价值观，即你渴望在事业、育儿和生活其他方面体现的价值观，让我们来看看其他父母所列出的价值观。

努力：我总是努力做到最好，也尊重那些同样努力的人，我享受那种成就感和掌控感。

冒险：我骨子里是个有进取精神的人，喜欢具有挑战性的新机会，那会让我感到既兴奋又刺激。

协作：我享受紧密合作的工作关系，愿意成为团队的一部分。

勇气：不顾恐惧，坚持信念，愿意去做困难的事。

慷慨：我希望当我离开这个世界时，人们会记得我是个在精神上和物质上都很慷慨的人。

幽默：我想拥有自嘲和嘲笑生活的能力。

爱：我喜欢下班后孩子们跑过来拥抱我的那个瞬间，我想象不出世界上还有谁能比这时的我更快乐。

责任：我父亲是个酒鬼，我为他没有兑现承诺而感到失望。如今我成了大人，我总是努力说到做到。

值得注意的是，在这些案例中很少存在只用一个词表达自我价值观的情况。因此，当你发现自己无法用一个词准确地描述自己的价值观时，可以问问自己"我为什么非要用一个词"或者"这件事很重要吗"，这些问题可以激发你深入探索自身的价值观。

来自得克萨斯州的艾玛·洛佩兹是一名管理咨询顾问，她的丈夫马科斯·洛佩兹曾是一名陆军上尉，现在从事投资经理的工作。他们有两个孩子——四岁的科尔和七岁的梅根。艾玛和马科斯都认为事业的成功才是他们生活最核心、最重要的部分，但通过我们的访问，他们惊讶地发现原来彼此对工作的态度截然不同。

艾玛回忆道，她的父亲在她十几岁时丢了工作，一家人因此被迫陷入窘境，致使她不得不想方设法地帮助父母维持生计。这段艰难的经历对她的影响不可谓不深刻。艾玛意识到，她之所以会成为现在的自己，与年少时家中巨大的经济压力密切相关。因此对艾玛来说，事业成功最大的意义就是让她有足够的积蓄，同时有能力在不同职业中游刃有余，这样才不至于重走父亲的老路。

而马科斯是一名老兵，军队中森严的等级制度让他意识到事业成功就意味着获得晋升和积累资历。马科斯虽然和艾玛一样关心资产的数量，但他并不将其视为成功的一部分。艾玛虽然也很在乎别人的认可，但她并不觉得这至关重要。

为了弄清楚自己的核心价值观，他们必须更为具体地对事业成功进行定义。明白彼此在价值观上的区别，有助于他们更好地理解对方的工作目标和工作状态，以便更好地相互支援。

许多人认为，亲密如伴侣，必然会对彼此的价值观心知肚明。然而，即使相伴几十年，许多伴侣在互诉衷肠时，仍会对对方的价值观感到惊讶。研究表明，我们并不像自己以为的那般了解自己亲近之人的价值观、经历，以及目标。而当你和别人分享自己的价值观时，甚至可能还会让自己大吃一惊。

练习三：确定你的价值观

请花三十分钟左右的时间思考你的价值观，思考什么对你最重要以及为什么。想出五个你的价值观并写下来，然后休息一下，再回来进行整理、修改。不要局限于我们所列举的例子。如果你一时写不出来，可以上网搜索价值观列表，从中选出最能代表你价值观的描述。

如何才能找到自己的价值观呢？以下几种方法非常有效：首先，你可以回想那些对自己非常重要的经历，以及这些经历对你产生的影响。其次，你可以把自己想象成某个人物。比如，你是一名体育教练，你希望向自己的队员传递什么样的价值观以激励他们争夺胜利？又比如，你是一个历史迷，可以把自己想象成你最喜欢的

> 英雄人物,并确定你的立场以及相应主张。最后,你还可以编一段自己的座右铭,看看什么样的语句最能代表你的心声。
>
> 你可以花点时间仔细思考,寻找合适的词句、图片或故事来帮助自己确定核心价值观;确定这些对你来说究竟意味着什么,以及它们为什么重要。价值观一旦确定,即便时移势易、物是人非,也很难更改。

尽管艾玛和马科斯已经相识十二年之久,但对各自的价值观的讨论还是让他们对彼此有了新的认识。前面提到,作为管理咨询顾问的艾玛向来二十四小时待命,随时都需要回复客户提出的各种问题,而这常常让马科斯感到沮丧——很多次,他本以为艾玛已经睡着了,却发现她仍然直挺挺地坐在床上,周身笼罩在笔记本电脑的亮光下。

在进一步了解了艾玛家族的往事及对她的影响后,马科斯终于恍然大悟:原来艾玛时刻紧绷的工作状态源自她非理性的担忧。她害怕失去经济保障,总是担心一旦自己在当前的咨询项目中表现不佳,以后就会失去参与其他项目的资格。艾玛的这一心理诉求决定了她在和马科斯书写夫妻共同愿景时,必须将自己最为重视的经济保障包含在其中。

向伴侣坦陈你的核心价值观，并积极探寻和理解伴侣的核心价值观，是你们探索为人父母的新方式的关键的一步。你们共同的价值观以及你们各自的价值观，都是打造你们共同的家庭生活愿景的基础。打造好愿景将帮助你们更好地度过未来的每一天。

练习四：询问伴侣的价值观

现在，请把你和伴侣的价值观连在一起。你们可以向彼此讲述自己的价值观，阅读甚至朗读彼此的价值观清单。如果有不明白的地方，你们可以温柔地向对方寻求解释。需要注意的是，许多人总认为我们自己重视什么，别人就应该重视什么，尤其是那些与我们共同生活的人。我们见过许多伴侣因为意识到双方的价值观并不完全重合而感到惊慌失措。其实你大可不必这样想，也不需要强迫伴侣接受你的价值观。你只要集中注意力深入了解伴侣的价值观，并一探究竟即可。共同的价值观固然至关重要，但认识到并包容彼此的差异，更能让你们欣赏彼此的独特性，同时更好地分配你们在生活中的角色和责任。

虽然如今的你已经完成了对自身价值观的探索，

但最杰出的领导者往往还会花时间反思，因为只有在这个时刻，你才能获得最为重要的成长。当你们决定反复讨论彼此的价值观时，可以开始考虑以下问题，并写下你们的答案。

1. 哪些是你们共同的价值观？

2. 你们个人的价值观分别是什么？

3. 你们对彼此有了哪些不曾有过的认识？

制定共同的愿景

我们期待领导力可以帮助我们创造未来的愿景并将其实现。研究表明，创造愿景有助于领导者找到自己职业生涯的目标，并为其所在组织带来清晰的前进方向。此外，愿景还可以减轻团队成员的压力，增加其短期幸福感，并推动成员持续进步，进而使愿景成为现实。

人们越来越认识到，高效的领导者不仅会创造自己的未来愿景，还会推动别人构建共同的愿景。于是，团队成员们便对振奋人心的未来有了共同的构想，不同的人也开始在共同的愿景之下一起努力，共同应对复杂的工作，努力迈向共同的未来。共同愿景就像远方的灯塔，指引着我们走向理想之路。当我们迷失方向时，共同愿景还会指引我们迷途知返。

同样，共同愿景在家庭中也起着指路明灯的作用。作为父母，我们要共同发展事业、抚育子女，而和伴侣创造共同的家庭愿景，即和伴侣一起设想一个共同追求的未来，鼓舞我们为之奋斗。

共同愿景可以让你们抛弃旧习

为人父母的人常常觉得自己深陷习惯的泥潭。但是当我们认为一切并无不妥的时候,改变习惯、重新思考生活方式未必是一件令人愉快的事情。因此,只有一个极具感染力的愿景,一个让人心潮澎湃、充满期待的愿景,才能让我们暂时从平淡的生活中抽离,看到更为美好的未来。美好的愿景不仅可以帮助我们克服障碍,还可以帮我们改变习惯。

十五个月前,丽贝卡·韦兰夫妇收养了一个男孩,此后他们便发现自己陷入了习惯的陷阱。其实他们早在两年前就开启了收养程序,但从得知有个孩子很适合他们家,到这个名叫利亚姆的男孩加入这个家庭,仅仅只有两周时间。一切发生得太快,以至于他们其实并没有花太多时间思考,自己在成为父母后该如何协调自己的时间和资源,以及如何平衡工作与育儿。过去,丽贝卡夫妇每周都必须工作将近七十个小时,如今他们不得不凌晨三点半就起床,争取在利亚姆醒来前工作三个小时。这样的安排可以同时保障他们的工作和育儿时间,因此他们觉得非常合理,并且也只能如此。

后来,他们开始在我们的建议下展望未来,期待以后过上不再缺觉的生活。在写下这样的愿景后,他们忍不住问道:"既然我们并不希望未来继续如此,那为什么还要忍受现状呢?"问出这个问题后,他们开始以一种新的视角看待自己的工作,重新安排自己的工作量和工作时间。通过质疑自己的习惯,他们摆脱了习惯的困境,开始探索新的工作方式。

共同愿景让你们共同进步

设立目标虽然可以让你在短期内努力做出改变，但这种改变也很有可能会以失败告终。相比之下，共同愿景可以让你的努力更为持久。设定好了共同愿景，你和你的伴侣都将受到启发，并找到切实可行的办法，做出持续性的改变。同时，你们还能互相监督，一步一个脚印地朝着愿景前进。你们将全情投入，而绝非心血来潮。

共同愿景让你们相互支持

组织心理学家安德鲁·卡顿表示，有了可实现的共同愿景，人们就"更容易感觉到自己有多么依赖组织中的其他角色，并愿意为这个组织做出贡献"。当你明白主动承担家务可以让你的家人生活得更为舒适时，你就有了承担家务劳动的动力。比如，主动洗碗可以让你的伴侣腾出时间锻炼身体，让他保持身心健康。

当你明白自己所做的贡献对实现你们的共同愿景的意义时，就不会仅仅因为待办事项清单上多了一项而心生怨恨。你和你的伴侣就像一个团队，你们要制定共同的愿景并朝着愿景前进，而不是朝着相反的方向奔跑，或在杂乱无章的生活中横冲直撞。

共同愿景让你们拥有共同语言

当你和伴侣制定了共同愿景后，就可以尝试用清晰简洁的语言写下你们的愿景并贴在冰箱上。当你的孩子看到家庭的未来时，也会选择与你们携手同行。如果你的孩子已经具备了一定的思考能力，甚至还可以让他们参与愿景的制定，你们和孩子就也拥有了共同语言。

想象共同的未来

作为已相伴十二年之久的夫妻,艾玛和马科斯拥有一致的价值观,他们都认为事业成功才是人生最重要的事情。在明晰了彼此对事业成功的不同定义后,他们写下了家庭共同愿景。以下是他们对自己十五年后的理想的一天的描述:

下午六点左右,我们刚刚做完有氧瑜伽,正在准备晚餐。这是礼拜五的夜晚,我们上大学的孩子们就快回来了,他们在本地上大学,常常带大学里的朋友回来享用家常菜。晚餐时,梅根告诉我们她正在排队等候暑期实习的机会,她想去贫困地区从事经济发展工作;科尔想就自己在这个暑假是应该出国学习,还是照顾当地儿童征求我们的意见。

孩子们离开后,我们端着酒杯坐在沙发上闲话。恍惚间,我们不禁为自己培养出了适应能力这么强且非常自信的孩子而感到骄傲。更令我们感到高兴的是,他们在做选择时不必只考虑经济问题,也不必带着堆积如山的债务毕业,他们可以自立而充满活力地生活,对学习和工作也都怀揣着热情。

晚上九点左右,我们都拿出了笔记本电脑,开始回复邮件。我们仍在工作,这让我们的大脑始终保持运转,也支持着我们满世界旅行。艾玛计划第二天与咨询公司的一位同事共进午餐，并回答几个关于即将举办的公益筹款活动的问题。马科斯最近升任了公司合伙人，他刚回复了一位新客户的几个问题。此外，社区篮球比赛即将开始，马科斯还向自己所执教的队员们发出了赛前提醒——这些队员都是休斯顿的贫困高中生。晚上十点，我们关掉电脑，放松了一下，准备睡觉。

写下这个愿景后，艾玛和马科斯兴奋不已——夫妇二人意识到，他们其实已经走在了实现这一目标的道路上。当然，他们也明白，自己仍需为这个愿景做出一些改变。

在看艾玛和马科斯的愿景时，你感觉如何？有没有注意到什么？想到孩子长大后，终究会和你聚少离多，你的眼眶是否有些湿润？当你看到这对夫妇在负担孩子们的大学学费的同时，还能有闲钱和时间四处旅行时，会不会觉得有些不可思议？或许他们的愿景听起来就像童话故事里美好的大团圆结局，而未来并不总是尽如人意的。约翰·列侬有一句著名的歌词："所谓生活，就是计划赶不上变化。"

变化每天都在上演，疾病、死亡、行业崩溃、经济衰退……各种各样的困难总是同我们不期而遇，但这并不会削弱共同愿景在我们生活中的力量。事实上，当危机把我们的人生搅得天翻地覆的时候，愿景可能反而是最有用的东西——它会提醒我们牢记自己的初心，以及该如何坚守自己的本心。

伴侣们创造、寻找共同愿景的过程并不总是一帆风顺的。

我们可以参照过去与不同夫妻合作的经验，列举一些可以帮助你排除不合适的愿景的问题。

练习五：描述你们理想中的一天

草拟你们的共同愿景，写下你们对十五年后的某一天所发生的事的畅想。畅想要尽量包括以下内容。

- 你们在早上、下午和晚上分别会做什么？
- 你们对自己所做的事有什么感觉？
- 你们是如何与伴侣、子女和其他重要的人相处的？
- 你们的子女是什么样的人，他们在这一天做了什么？
- 你们为什么要做这些事？

对未来的描述是否同时包含了你们共同的价值观和你们个人的价值观？

你们的共同愿景应该包含你和你伴侣的共同价值观，同时也应提供可以让你们追求自己独特的价值观的空间。在对未来的畅想中,艾玛和马科斯毫不费力地将他们共同的价值观,比如志愿服务和求知欲,融入了他们的共同愿景中。同时,他们还必须更加努力,以满足艾玛对经济保障的需求和马科斯对竞争的渴望。

或许在制定共同愿景时,你们很容易把注意力集中在愿景是否可以代表共同价值观的问题上,忽略了其他方面。也许你们还盼着冲突能自行解决,可惜通常不会。你们是不是缺了什么重要的价值观?就是现在,不妨花点时间好好想想,如何才能让你们的价值观共存,让你们未来的道路更加平稳。

愿景是否涵盖了我们生活的所有领域?

对于大多数人来说,家庭并不是生活的全部,还要关注事业、社交,以及自身成长。需要注意的是,在艾玛和马科斯对未来的描述中,不仅有他们理想的家庭生活,还有他们的工作、社交,以及对自己的期待。

现在,请你审视一下自己和伴侣的愿景,看看在未来的日子里,你们能否成为理想中的父母,以及你究竟渴望在工作中扮演什么样的角色,这个愿景又会对你的生活方式产生什么样的影响。

这样的未来是具体的吗?

写下宽泛而笼统的愿景,比如快乐和健康,当然非常简单,但这类大而化之的愿景无法点燃你的热情、激发你的承诺,更难以引导你追求自己想要的生活。

因此，只有确立足够具体、足够生动的愿景，才能让你清楚地看到自己内心的期待，和伴侣携手并进。

这样的未来对双方都有强烈的吸引力吗？

写下你们共同的愿景后，我们在本书中的其他建议对你来说就更像是有趣的冒险，而不是做苦差。艾玛和马科斯在构建了共同愿景后，都受到了极大的鼓舞，开始朝着共同目标前进。不过，共同愿景对夫妇二人的吸引力通常是不一样的，可能一方干劲十足，而另一方则无动于衷。

那么，现在就先问问自己，如果愿景成真，你会为自己所创造的美好生活而感到满足和自豪吗？

我们想要的是一样的吗？

许多夫妇在未来愿景的问题上难以达成一致。在我们的研讨班中就有这样一对夫妇。他们一个渴望连续创业，另一个则渴望稳定和规律的生活。这一根本分歧很有可能破坏他们家庭生活的和谐，导致他们无法协同育儿。

于是，我们鼓励他们首先问自己一个问题："我到底想从生活中得到什么？"他们从这个简单的问题切入，开始了一次深入的交谈。在交谈中，他们讨论了该如何实现可以满足各自需求的未来，如何从以前的挫折中走出来，寻找希望。

或许你和伴侣在对理想生活的期许上也有着根深蒂固的差

异，而且难以快速消弭。因此，你们更应该现在就开始这样的对话，一起有意识地选择未来的道路。

我们的愿景有可能实现吗？

某些夫妇的愿景看起来似乎与当下的生活毫无关联，而且没有清晰的路径可循。在研究中，我们结识了布莱恩·诺瓦克和泰勒·诺瓦克夫妇，他们梦想着从朝九晚五的工作中解脱出来，一家人一起旅行和冒险。遗憾的是，这个愿景看起来毫无实现的可能，他们甚至都不愿意把它写下来。

但他们还是写了。写完后，他们开始问自己："为什么不立即行动呢？"这个简单的问题引发了一系列讨论，并促使他们改变了自己的生活方式。在写下这个愿景后的六个月内，他们就把自己的房子租了出去，并先后在三个不同的国家生活。现在的他们感到非常满足，不但实现了个人梦想，还亲眼见证了这次冒险的经历对孩子们产生的深刻影响。

一个看似不可能实现的梦想，其实可以显露你内心深处的真实期待，让你反思自己到底想过什么样的生活。我们都听过这样一句话："重要的不是结果，而是过程。"朝着愿景前进是一个长期的过程，你要尽力秉持自己的价值观。写下家庭共同愿景的主要目的，不仅是让你到达理想的彼岸，更是要帮助你清楚地看到，以更符合自己价值观的方式生活究竟意味着什么。

我们的愿景是否很无聊?

许多夫妇都被困在日复一日的生活中停滞不前,甚至已经想象不出如果跳出当前状态,自己还能如何生活。

温斯顿·李和米娅·李夫妇就是如此。温斯顿和米娅都在硅谷工作,育有两个年幼的儿子。温斯顿和米娅性格外向,充满活力,让人总会情不自禁地注意他们,尤其温斯顿还总是留着三英寸高的蓬巴杜发型。但与他们迷人的个性相反的是,他们的共同愿景十分无趣。在他们的想象中,自己未来某一日的生活几乎和现在如出一辙,只是孩子大了一点,自己的职位高了一点,生活状态放松了一点。这样的愿景不但没能给他们带来一丝一毫的激励,反而让他们相当沮丧。

经过深入交谈,他们猛然意识到,自己竟然从未考虑过与当下完全不同的生活。我们启发他们,可以把杂志图片展现的场景当成对未来生活的期许,但他们更愿意在网上找找灵感,因为他们觉得这样可以让他们更自由地发挥想象力。于是,一幅与之前全然不同的生活图景出现了:温斯顿和米娅告别了硅谷的激烈竞争,一家人远离城市,沉浸在大自然中,与亲戚朋友欢聚一堂。如此温馨的场景点燃了温斯顿和米娅的热情,他们忽然发现,原来生活可以很自由。

我们期待你能像温斯顿和米娅一样,花点时间思考自己究竟想要什么。你可以想象自己变回了孩子,再想想那个孩子长大后的样子;你也可以想象自己获得了终身成就奖,正在听别人描述你的成就。当然,我们还有更极端的做法,比如给自己写一篇悼词，想象自己离开人世的那一幕。现在，就请你用适合自己的方法寻找自己的愿景吧，然后再看看有什么发现，以及可以从哪里着手。

记住一点：你随时可以修改你的愿景。

Parents Who
LEAD

第三章
审视四位观

Parents Who

 不论有意还是无意,我们总会在面对选择时权衡再三,这是一场零和博弈——换句话说,我们把生活看作一个固定的馅饼,我们的时间和注意力被平均分成了若干份,因此当我们在家庭、工作或其他某些方面有所收获时,便会在其他方面有所失去——如果我们想在某一方面分得一块更大的馅饼,就意味着其他方面的馅饼的份额会有所减少。

 权衡利弊并没有错,但我们的研究表明,或许有一种更为宏观、有效的方法,能为你带来更多益处,你就不必在选择时左右权衡,更不必做出妥协。不仅如此,你还可以自由穿梭于自己的各个角色之间,统领你的生活、创造你的成功。如果你希望能在生活的各方面获得成功，就必须主动寻找机会。

但该如何寻找机会呢？

我们会在后面的章节中帮助你了解与自己息息相关的人，并请你列出哪些人最为重要。你可能会首先想到自己的孩子，但现在请你先关注你的伴侣，并思考如何在你们之间打造更牢固、更具信任的关系。你们必须以诚相待，坦率地面对彼此最真实的处境。

萨布拉·卡比尔和雅利安·卡比尔夫妇是以色列侨民。在过去的十一年里，他们一家人一直生活在康涅狄格州的哈特福德。如今，他们的女儿丹亚九岁，儿子阿达尔四岁。三年前，雅利安成立了一家医疗用品公司，萨布拉则在做兼职保险顾问。第一次在研讨班上见到这对夫妇时，他们认为自己的生活还算"过得去"：工作不错，孩子们也得到了很好的照顾，日常生活有条不紊。然而，他们几乎没有时间做其他事，比如露营、聚餐、等等。即使偶尔有时间，也只能敷衍了事、草草收场。他们对此很是沮丧，总觉得自己错过了什么，既不够快乐，也缺乏满足感。

首先，我们请这对夫妇说出了自己对生活的期待，并寻找两个人的共同愿景。在交谈中，他们表示希望自己有朝一日可以回到以色列，同亲朋好友欢聚一堂，在熟悉且热爱的文化环境中抚养自己的孩子，并发展自己的环保事业。夫妻二人对这个愿景充满了热情，他们想要为此改变自己的生活，让自己变得更快乐，获得更多的满足感。

可怎样才能打破现状，进而实现愿景呢？他们又该如何付诸行动，不断朝着梦想前进？

我们鼓励萨布拉和雅利安从全新的视角看待他们当下的生活——不仅要看到自己的生活，还要看到夫妻二人共同的生活，进而看到生活的全貌——一旦他们看到生活的全貌，就一定能做出改变。

在我们的不断启发下，他们开始意识到彼此在生活中的分工有问题。从前他们一直采取的是分工明确、各干各的分工方式，但效果并不好。萨布拉负责照顾孩子，为他们提供安慰和关爱，满足他们的情感需求；赚钱的任务则落在了雅利安身上，为此他必须投入大量的时间和精力经营生意，以满足开销。这样一来，如果萨布拉也需要处理工作，就只能放在处理完家务后了。雅利安的工作压力非常大，因此当他和萨布拉以及孩子在一起时，根本无法做到全神贯注。为此，萨布拉只得把更多的精力放在孩子们身上，以弥补父亲的缺位。萨布拉总是希望自己能够保护孩子们，以免雅利安因生气而责骂他们。同时，她也希望能保护雅利安，让他不至于回家后也得面对压力。为了维系这个家庭，萨布拉付出了很多，却还是没能避免雅利安与孩子们渐行渐远，甚至一度到了关系脱节的地步。现在看来，雅利安已然成了家庭生活的旁观者。

此外，萨布拉和雅利安还发现，现在他们夫妻之间的交流始终围绕着家庭琐事。在外人看来，他们仿佛一台运转良好的"家庭"机器。可实际上，在这样的生活中，他们找不到人生的意义，无论是夫妻关系还是与朋友的关系，都变得无比脆弱。但这并不是他们想要的。他们渴望拥有共同的精神追求，渴望得到快乐，渴望分享生活中那些美好的事物。

对生活全貌的审视，让他们发现原来自己习以为常的生活竟然存在那么多问题。于是，他们开始寻求改变。

在我们的建议下，萨布拉和雅利安决定每周召开一次家庭会议。他们希望能在家庭会议上和孩子们共同讨论家庭事务，一起解决眼前的问题。例如，谁来接送孩子，当一方需要加班时该怎么办？家庭用餐时间要不要调整等。此外，他们还安排了家庭游戏之夜，在每周安排一个固定的时间让全家人聚在一起玩各种游戏，比如卡牌桌游、拼字游戏。通过这些方法，他们终于找到了更为轻松愉快的相处模式。雅利安与自己亲爱的家人们在一个屋檐下共度亲子时光，大家不仅身体到场了，心理上的参与感也明显增强了。事实证明，家庭生活不仅没有耽误雅利安的工作，还减轻了他的压力，让他与同事的相处变得更加融洽、更加心平气和。正是这些改变带来的简单的乐趣，激发了这对夫妇内心的热情。

萨布拉和雅利安从他们共同的愿景出发，终于找到了改变的方法。而其中非常重要的一环，就是采用四位观审视自己生活的全貌。在后面的章节中，我们将帮助你看到自己生活的全貌，并找到改变的机会，让你和你的家庭成员们都能生活得更加幸福。

现在，请你关注自己和伴侣共同的愿景，用四位观审视你们的生活，了解你和伴侣究竟是如何相互影响的。当你发现了问题所在，就会自然而然地想做出改变。于是，你的脑海中就会冒出一个又一个想法。你会对其加以实践，并高度关注一切进展。同时，你也要学会充分与伴侣合作，更多地了解子女的期待。

让我们常怀好奇之心，不断寻求新知，寻找让自己和家人的生活变得更加美好的机会。

用四位观看生活的全貌

去繁留简,只关注生活中四个主要的领域:工作、家庭、社交和自我发展。

首先,请你思考每个领域对自己有什么意义,你将如何描述它,以及它们之间是如何相互影响的。为了不再深陷零和博弈的困境、不再左右权衡,你可以选择让某一领域快速生长,甚至不惜让其他领域损失惨重。我们必须深入这四个领域,对它们一探究竟。

事业

对某些人来说,工作只是一种赚钱谋生的方式。虽然工作未必能代表我们更深层次的人生目标,但对大多数人而言,工作确实能让生活更为美好。但我们的事业远不止工作,事业贯穿我们的一生,有时始,有时止,有时会发展,还会出现变化。除了睡觉,大多数职场父母绝大部分的时间都被用在了发展事业上。我们最好把事业看作在生活中持续存在的一方面,它会随着时间而发展,即便你暂时没有工作、没有薪水,也不表示你没有事业。比如,你可以尝试兼职做一些有偿工作,也可以加倍努力地打理家务或参与志愿服务。教育也是事业的一种,也许你目前正在上学，或者考虑回到学校继续学业，那么这就是你的事业。

在采用四位观时，你既要审视自己的事业，也要思考谁才是你事业中最重要的人——这些人会深刻地影响你的价值观以及对未来事业的愿景，他们可能是你做志愿服务时的拍档，也可能是你的同事或客户。

而有的人虽然现在看上去很重要，却大概率对你的事业毫无助益。当你展望未来时，或许会发现，他们并不会为你带来什么深刻的影响和改变。因此，你有必要拓展职业社交网络，关注究竟谁才能帮你塑造合适的职业发展路径。这个人有可能是你的前同事、领导、教授，或者任何有可能对你的成长起到关键作用的人。

家庭

家庭成员既包括子女、父母和伴侣，也可以包括亲戚，比如远亲和姻亲，甚至还可以包括已经解除了婚姻关系的前任。

在生活中，被定义为"家人"的人可能与你并不存在血缘关系或法律关系。著名喜剧演员格雷格·菲茨西蒙斯和他的妻子艾琳就以自己的方式定义了家人：他们把最亲密的朋友称为"家人般的朋友"，这是一种比普通友谊更深层次的爱和信任。你可以把与自己朝夕相处的动物当成家人，亲切地将它们呼唤为"毛孩子"；你可以把一些和你没有亲缘关系，但你内心十分敬爱的长辈称为"阿姨"和"叔叔"；你可以把自己在当交换生时一起生活的同学视为家人；你还可以把前任留下的继子女视如己出，称他们为"儿子"或"女儿"。家人可能不是一个单独的人，而是整个家庭——比如，与你共度每一个感恩节的另一个家庭。你会在不同家人面前扮演不同的角色，而他们对你的意义可能也完全不同。

家庭就如同树干上层层叠叠的年轮，中心是你自己和其他核心家庭成员；家庭又如由轮毂和辐条组成的轮子，或是由许多小恒星群组成的星座。我们每个人都有独特的对家庭的定义，我们与家人的关系是最亲密，也最具挑战性的关系。

社交

社交或许是父母最难理解的部分，尤其是那些子女的年龄还很小的父母。当我们让研讨会的参与者们说说自己对"社交"的定义时，经常会听到这样的描述："我工作太忙了，家里的事又太多，根本没时间参加社交活动。"尽管如此，我们仍认为参与社交对你的生活非常有意义且很有必要，而社交活动也一定会让你有所收获。想想那些曾帮你照看孩子的街坊邻里，他们也许是老师、体育教练，也许是志愿者、孩子同学的父母……虽然他们看上去与你的事业、家庭无关，但如果你想自如地生活，那就必然少不了其中一些人的支持。

此外，你还应该拓展更广阔的朋友圈和关系网。你是否加入了某个社会团体，或者和别人一起健身跑步？你有没有加入大学校友论坛或者参加演讲俱乐部、慈善团体？前陆军上尉马科斯就加入了"伤兵互助项目",这个组织旨在为在军事战斗中受过伤的退伍军人提供帮助。"伤兵互助项目"深刻地影响了马科斯的生活,他不仅从中获得了帮助,还在帮助他人的过程中感受到了自己的价值。如果你现在还没有建立自己的关系网,没有借助亲朋好友的力量发展自己,那么就可以思考一下该如何与家庭和事业之外的世界取得联系。与他们建立联系会给你带来很大助益。

自我

个人世界经常被我们忽视,它包括我们的身体健康和心理健康,以及精神上的追求和放松。审视个人世界、面对自己的过程,能帮助我们弄清楚"我是谁"以及"我要怎么做"。而这些问题正是影响我们自身发展的重要因素。

身体健康 这个领域所包含的内容非常广泛,从睡眠、营养摄入到运动,从保健到使用牙线……就拿睡眠来说,专家发现,如果想要拥有健康的身体,那么你每晚至少要睡够七个小时。如果你觉得自己不用睡那么久,而且长期的睡眠不足也不会给你带来什么负面影响,那你就大错特错了——睡眠是保持身体健康的重要因素,长期睡眠不足会对你的身体造成巨大伤害。

你的身体还需要什么?一位女士表示,她需要"定期去看医生,做与年龄相称的健康检查"。人人都知道,要想保持健康就需要按时体检、坚持健身、保证睡眠。但我们在做这些事时经常敷衍了事，甚至半途而废。

心理健康　心理健康关乎我们的内心生活和情感健康，包括管理压力、调节情绪、积极应对自身弱点，等等。同时，心理健康也包含了一些会削弱我们幸福感的问题，比如焦虑和抑郁。

对于一些人而言，关心自己的心理健康就意味着要定期接受心理咨询，以便控制社交焦虑、各种瘾癖或其他问题。接受诊断、找治疗师，以及服用适当的药物，不仅可以改善你的心理健康状况，还能让你更好地支持伴侣、子女、同事，更好地把握自己的人生。

和身体健康一样，对心理健康的关照也可以有多种形式。比如，你可以选择每周和好朋友打电话谈谈心，说说自己这一周经历的高潮和低谷。管理压力是保持自己心理健康的重要方法。

精神　获得精神满足的方法因人而异，有些人会为了满足自己的精神需求而选择加入一些组织；有些人需要加入一些团体或参加心灵静修类的活动；还有一些人会采取较为简单的方法，比如使用冥想 APP、写感恩日记，或在大自然中散步；等等。精神满足意味着你在与比自身更伟大的存在建立联系，这样的满足体验是独一无二的。

放松　放松就是我们将忙碌的生活暂停一段时间，从需要不断完成、必须完成的事务中抽离出来，专门做一些放松的活动。比如，定期度假、做面部护理、看电影、休闲阅读或者散步，等等。但我们经常听到人们说自己"不擅长放松"，甚至忘记了该怎么放松。早就有研究人员指出，在工作一天后及时放松恢复身心状态的好处，这不仅可以帮助我们缓解因工作劳累而产生的疼痛，还可以减轻疲劳感、增强体能、提高总体幸福感。同时，放松还能提升第二天工作时的注意力。难怪niksen（荷兰语，意思是"无所事事，放空"）作为一种缓解倦怠和压力的方法，深受人们欢迎。

观察四个领域在生活中是如何相互影响的

在生活中，这四个领域是如何相互影响的？首先，我们来举一个常见的例子，如果长时间从事压力很大的工作，就很有可能会给你生活的其他方面带来负面影响。如果你曾有过辛苦工作一天后，在餐桌上对家人发脾气的经历，你就会明白我们的意思。同样，我们在家庭生活中遇到的难题也不会在工作中消失，它只会影响你的工作状态，让你看上去心事重重，甚至神情恍惚。比如，照顾生病的子女、护理年迈的亲人或经历了离婚纠纷的人，工作效率往往较低。

我们花了大量精力研究工作与生活之间的各种形式的冲突，但我们更喜欢反向思考：工作、家庭、社交和自我发展也可以相互促进，相互补充。寻找"工作与生活的平衡"的确是个挑战，摆脱零和思维也并不容易。重要的是，我们要努力避免切蛋糕式的生活方式，不要老想着这一块大了，另一块就会变小。

无数的例子证明，这四个领域在生活中完全可以和谐共处。工作为我们带来了经济收益，有了钱，我们才能养活家人。职业也给了我们表达价值观、造福他人、建立人际关系，并确立自己身份的机会。工作可以是我们的避难所，是我们恢复活力的源泉。也许你曾遇到过这样的时刻：在手忙脚乱地满足了孩子们没完没了的要求后，你安安静静地在桌边坐下工作，感到非常轻松。

同样，家庭生活也可以给我们灵感，帮助我们工作。伴侣可以为我们的工作出谋划策；如果我们是艺术家，家庭成员可以为我们提供深刻而独到的见解；如果我们是研发人员，他们可以为我们提供创意。

亲朋好友也可以帮我们培养孩子，为我们提供工作机会，并激励我们表达自己的价值观。

充分关爱自己的身体和精神状态，可以给我们迎接挑战的力量，让我们集中精力做好工作，并对家人心存感激。

生活的各个方面会相互影响，四位观不仅可以让我们看到生活的方方面面，还可以促进各方和谐共存。

接下来，让我们一起探索，如何才能更为娴熟地让生活中的各个领域和谐共处。

练习六：用四位观审视你的生活

生活中的不同部分对你来说分别意味着什么？思考一下事业、家庭、社交和自我发展这四个领域对你的意义，想想你在做什么、你在和谁交往、你需要什么，以及在每个领域里你最关心的是什么。

当你对每个领域都有了清晰的认知后，就可以尝试完成下列表格。

表 3-1　我的四位观

领域	重视度	投入度	满意度（1~10）
事业	%	%	
家庭	%	%	
社交	%	%	
自我	%	%	
	100%	100%	

第二栏考量的是你对这四个领域的重视程度，数字的总和应该是100%。如果这四部分对你来说同等重要，那么数值就分别是25%、25%、25%、25%；如果你觉得只有家庭重要，那么就是0%、100%、0%、0%。

接下来，请你思考一下自己的情况，自己在一个星期或一个月内，分别在每个领域投入了多少注意力？不仅要考量你在一个领域所花费的时间，更重要的是你的思想和注意力究竟投向了哪里。举例来说，你明明在和家人共进晚餐，心里却一直想着当天与客户闹不愉快的事情。即使你坐在子女身边，注意力也还是在工作上。为每个领域分配百分比，这个百分比就代表你在每个领域所投入的注意力。

接着，在最后一栏中，从1到10，请为自己对每个领域的满意度打分。1分表示"完全不满意"，10分表示"非常满意"。如果你一直没有时间照顾你的身体健康或放松，那么就要给"自我"这一项打低分。这些评分代表的是你对自己生活中各领域情况的主观感受——你如何看待它，有何感受？

填写完毕后，你就可以思考这张表到底告诉了你什么，尤其要关注这四者之间的联系。你需要思考的是，自己对一个领域的关注是如何影响其他领域的，无论这个影响是积极的还是消极的。

怎样才能通过改变一个领域，进而改善其他呢？例如，如果每周选择一天居家远程办公，会对你与家人、亲友和自我发展产生什么影响？如果你带家人去海滩，而不是独自去健身房健身，会对你的家庭和自我的满意度产生什么影响？

填完表格后，找一个日记本写下下列问题的答案。

1. 表中不同数字之间有着怎样的关系？

2. 哪些改变可能是有效的，哪些改变是无效的？

3. 除了缺乏时间，你在尝试让生活的四个领域变得和谐时所面临的最大障碍是什么？

在参加研讨会的父母中，没有一个人给自己对事业或家庭的满意度打了满分十分，打一分和二分的人倒是很多。在这四个领域中，满意度数值的均值徘徊在五分左右。知道别人的满意度很低固然不会提升你的幸福感，但知道其他人都在与这些挑战进行斗争，也许会让你觉得感同身受，不那么孤单。生活对我们所有人来说都非常艰难。但请记住，一旦你开始不满，你的成长便开始了。

用创造性思维克服障碍

在用四位观审视生活时,我们之所以要求你考虑除时间之外的障碍,是因为人们通常会认为时间就是一切问题的根源。因此,他们会很纠结地说:"假如能有更多的时间……"他们不明白的是,其实思维方式也会成为障碍。

现在,请你更为仔细地观察自己,判断你是否也是如此。

避免完美主义

很多人在用四位观审视自己时,会首先进行自我批评。当父母们看到表格里的数字后,得到的结论往往是:我不应该那么懒惰、低效、不耐烦和杂乱无章。只要发现右栏里有评分低于十分的项目,他们就会开始责怪自己。

但是,请不要让完美主义露头,它会摧毁人们发现新事物的能力,尤其对于那些习惯追求完美的超级成功者而言更是如此。追求完美会让你埋头苦干,让你相信只要意志力坚定并持之以恒,一切问题都能迎刃而解;追求完美会阻止你放手,阻止你及时根据变化调整自己的步伐。

数字之间存在巨大差异,甚至会相互矛盾,这是很正常的。在参加研讨班的父母中,事业在他们的注意力中的平均占比为57%，远高于他们对事业的平均重视度33%。而家庭的情况正好相反，这些参加研讨班的父母对家庭的重视度平均为34%，但对家庭的投入程度只有25%。社交这一项则通常不太受重视，平均重视度只有12%，父母们花在培养这些关系上的注意力更是少之又少，只有6%。最后，尽管父母们认为照顾自己比较重要，对此的平均重视度为20%，但他们对自我的投入却仅有一半，约为11%。如果你的表格也是如此，请平静下来，这些矛盾在所难免，所以不要以为自己的表格就应该看起来更好。换句话说，请你对自己心怀同情。

请不要内疚

或许你和本书的大多数读者一样，在审视生活的四个领域时总会对自己心怀不满，甚至深感内疚。在这个世界看起来黯淡无光之时，很多人都挣扎在生死边缘，而你却试图在工作和生活之间寻求和谐。这样的你，难免觉得自己太不知足。最近，研究员阿丽莎在和朋友们的谈话中听到不止一个人说："边境上有孩子被关在笼子里，不得不远离父母，我又怎么能抱怨自己太忙呢？"

其实，知道别人的情况更糟并不会减少我们的失衡感。我们了解自己是多么幸运，但我们仍然希望自己能变得更好。因此，如果你感到内疚，请记住，努力增加满足感既谈不上错误，也并非贪婪——航空公司建议乘客在帮助他人之前先给自己戴上氧气面罩是有原因的。作为父母，你的角色至关重要，你首先要照顾好自己，坚持自己的价值观，才能成为孩子们的榜样，帮助他们茁壮成长。你不仅可以帮助自己的子女，也可以为世界带来真正的改变，让别人的生活变得更加美好。但若你一事无成，那么帮助别人也就成了奢望。因此，仔细思考你可能对别人产生的影响，与其让内疚困扰你，不如试着重新定义自己的价值——乐于为家庭付出，为世界做出贡献，领导者无不如此。

不必害怕改变

当我们认真审视自己时，难免担心一旦发生变化，就可能朝着糟糕的方向发展。这样的想法让我们难以摆脱习惯和固有思维，更无法帮助我们找到把事情做得更好的方式。对改变的恐惧让我们时常满足于残缺的现状，安心与"熟悉的魔鬼"相伴。

在前文中，我们阐述了共同愿景有助于我们克服惰性、重新审视现状。但当我们真正以愿景为目标，系统地审视自己需要做出哪些改变时，仍会难以控制地焦虑起来。

需要谨记的是，不要过于担心在实现愿景途中的变数。

避免非好即坏的思维模式

当我们对自己下结论时，一个常见的思维陷阱就是非好即坏的思维模式。一名研讨会的参与者表示："我觉得必须辞掉工作，完全专注于我的孩子，我才能成为优秀的父母。但我做不到,因此我将永远陷在'不满足'的状态中。"她的思维模式就是"要想拥有完满的家庭生活,唯一的方法就是辞职",这样的想法会阻止她尝试新的解决方案。

当你审视自己的四位观评分表时,只需要问自己:"有没有什么办法能既保住工作,又让我拥有幸福的家庭生活?"承认可能存在中间方案,是找到新方法的关键一步。

审视夫妻的共同生活

在四位观的帮助下，你会对自己的生活有更全面的了解，并重新思考这四个领域在生活中的联系。那么接下来，你还可以继续用四位观探索你和伴侣的共同生活。我们和伴侣的生活总是交织在一起。因此，为了能够朝着共同的愿景前进，你需要了解彼此的生活是如何相互影响的。例如，你的职业是否对伴侣与孩子的相处产生了影响？伴侣的精神追求是如何影响你与亲友保持联系的能力的？

研究表明，情绪会像感冒一样在伴侣之间传染。如果一个人带着压力、怒气或沮丧的心情回家，那么另一个人也会感受到压力。在工作、家庭、社交和自我发展这四个方面，伴侣的状况要么会对你造成不良影响，要么让你感到充满活力。当夫妻一方不但白天工作得很辛苦，回到家后还要加班到很晚时，他面对家人时就很可能脾气暴躁或沉默不语。工作压力会导致夫妻一方对家庭产生更多情感上的需求，同时也会给伴侣造成无形的压力。在这种时候，夫妻相互提供的情感支持就会减少，双方的疲惫感也会加深。

当然，快乐和热情也会传染。一项研究发现，当夫妻一方更积极地投入工作时，另一方也会明显地感到更快乐。当我们感受到同事们的支持时，我们在家庭生活中也会更宽厚，更愿意帮助家人。

不管你和你的伴侣有多亲密，他都有属于自己的复杂的内心生活，而你对此并不总是了解。不过，你们对彼此的了解越深，就越容易打造共同生活。当伴侣向你分享对你的看法时，一般会发生两件美妙的事情：首先，你可以通过别人的眼睛看到自己，让你获得更强烈的自我意识。因为，在你真正听到他人对你的看法之前，你很可能根本认识不到自己在向外传递什么信息。其次，你有机会纠正伴侣对你的一些认知。最后，通过交流，你们可以更好地理解你们在生活中是如何协作的，以及该如何向对方提供充满爱意的支持，才能使夫妻关系充满乐趣。

很多年前，我（斯图）和妻子哈莉去看望我们的大儿子。当时他住在巴西西北部的玛瑙斯。要去那个城市，我们只能坐飞机或走水路。第一天，儿子的朋友带我们去河边，在那里，亚马孙河分成了两条支流，一条是黑色的尼格罗河，一条是浅色的索里米斯河，两条河并排流淌着。我可以清晰地看到它们的不同——虽然分离却依然相连，紧挨着彼此，似乎浑然一体。其实，夫妻关系就像亚马孙河的这两条支流，它们蜿蜒穿过玛瑙斯，共同创造了一片勃勃生机的景象——河里有成群的粉红色河豚，当地居民热情好客。直到今天，我仍然愿意把夫妻关系称为"水之汇合"。

练习七：用四位观评估伴侣

请再次填写四位观表格。但这一次，你们要为对方填写，你认为你的伴侣对每个领域的重视程度是怎样的？从你的角度来看，伴侣分别在每个领域投入了多少？你认为伴侣对自己在这方面的满意度如何？（从1到10，1表示"完全不满意"，10表示"非常满意"。）

表3-2 伴侣的四位观

领域	重视度	投入度	满意度（1~10）
事业	%	%	
家庭	%	%	
社交	%	%	
自我	%	%	
	100%	100%	

现在，请花几分钟时间写下你对以下问题的看法。

1. 伴侣的生活的四个领域之间有着怎样的关系？其中，伴侣对每一部分的重视度、投入度或满意度是如何促进或削弱其他部分的？

2. 伴侣对每个领域的重视度、投入度和满意度对你有什么影响？

完成表格并回答完以上两个问题后，请思考你需要从伴侣那里得到的究竟是什么，以及伴侣在多大程度上满足了你的这些需求。把这些想法记录下来，然后用从1（很差）到10（很好）的分值来评价一下伴侣在满足这些需求方面做得如何。当你们分享各自的看法时，准备好倾听对方的心声吧！你也可以通过类似拼贴图片的方法表达自己的感受。

然后你们可以反过来试试看，试着了解伴侣需要从你那里得到什么以及你做得如何，并从1到10进行评分。

最后，请你和伴侣开始思考并记录你们的想法。

1. 你真正需要从伴侣那里得到的是什么？伴侣在满足这些需求方面做得如何？

2. 你的伴侣真正需要你做的是什么？你在满足伴侣需求方面做得如何？

请评估你们对彼此的需求以及你们在多大程度上满足了对方的需求，你们甚至可以一起大声朗读彼此的想法。有一点非常重要，就是你和伴侣都要解释自己为什么会给出那样的回答。这似乎有些难。例如，假如伴侣认为你在批评他关注的优先次序有问题，就可能因此发脾气。你们需要对彼此心怀感恩，带着探究和宽容的精神进行交流。记住，你们不是来复仇的，你们是在努力面对现实，一起展望共同的未来。

用领导力改进你们的共同生活

或许你认为自己和伴侣之间已经知无不言、言无不尽了,但事实恐怕并非如此。我们就经常听到一些因夫妻隔阂而导致家庭矛盾的案例。为了共同分担家庭的重任,你需要更加了解自己的伴侣,并通过对方的眼睛重新审视自己。

对于我们大多数人来说,通过周围人的眼睛看自己并不是一件简单的事,这需要我们克服天生的以自我为中心的意识。但通过这种练习,我们可以建立更强的同理心。本章的其余部分将进一步指导你如何充分利用机会,通过与伴侣畅谈彼此生活中的四个方面以及该如何相互支持,从而建立充满信任感的夫妻关系。

分享你的四位观

当你和伴侣谈论自己在工作、家庭、社交和自我这四个领域的状态和感受,并反思彼此是如何相互影响时,请记住你们的共同愿景。也就是说,你和伴侣需要思考的是,目前双方在生活的四个领域中的状况与你们的共同愿景是否真的匹配?

莉莉·康拉德是一名项目管理经理,她的丈夫布拉德是一名网页设计师和老爷车爱好者。他们有一个三岁的女儿扎娜赫。当莉莉和布拉德讨论该如何看待彼此生活的四个领域以及如何相互影响时，他们发现了一些以前没有注意过的问题。例如，布拉德认为莉莉花在家庭上的时间仅占40%，而莉莉认为是70%。虽然没有简单、明确的方法可以让我们真正了解莉莉对家庭的投入（毕竟我们关注的是她的注意力聚焦在哪里，而不仅是身体在哪里），但这引发了一场重要的对话——莉莉在工作时，究竟花了多少时间做与家庭相关的事。比如，预约医生或利用午休时间去百货商店采买家庭用品，等等。

布拉德通过对话了解到，莉莉在扎娜赫上床睡觉后仍需强迫自己完成工作——这不仅仅是因为她重视工作，还因为她白天没有足够的时间完成所有工作。这次谈话让布拉德得以从更现实的角度看待莉莉在深夜工作的原因。此外，他们还商量了该如何共同完成家务，以及如何共同面对彼此在工作和生活中遇到的其他问题。

夫妻二人中，布拉德更善于交际，他会制订计划，和社区中的其他家庭参加赛车比赛观赛派对，或步行去镇上的小啤酒厂与邻居们喝上几杯。但布拉德发现莉莉对此毫无兴趣，在布拉德看来，他每次都得强迫莉莉和其他家庭共同出游或去社区里转转。但通过这次谈话，布拉德惊讶地得知，莉莉其实很想和他一起参加社交活动，也十分感激他在家庭中扮演了"社交主席"的角色。莉莉承认，虽然自己很少主动提出参加社交活动，但也并非是被布拉德强迫的。

这次谈话促使夫妻二人开始思考：该如何加强他们的关

系,如何让女儿扎娜赫对更为广阔的世界产生兴趣,以及如何与邻居们增进友谊。

了解彼此的需求

你真正想从伴侣身上得到的是什么?这个问题似乎有些难以回答,甚至令人望而生畏。因此,在你阅读下方的段落之前,请先看看这对夫妇的例子。我们采访了彼得·奥洛夫和卡米拉·奥洛夫夫妇。他们生活在洛杉矶,已有一个年幼的女儿,且另一个孩子即将出生。我们邀请他们根据"伴侣是否满足了你的需求"这个问题给对方打分(1~10分),然后写出伴侣会对自己有什么样的需求,并对自己的表现进行打分。

彼得是一名投资银行家,他表示自己最希望身为零售业高管的卡米拉每天都能分担一部分家庭教育和料理家务的责任:"我对她的期待是她能积极参与女儿的教育,培养她的能力,呵护她的身心健康。"彼得对妻子的评价很高,"在满足我的期待这个维度上,她可以得8分(满分10分)。"之后,他站在卡米拉的立场上表示:"卡米拉希望我能照顾好自己的身心健康,但我在这方面做得很差。我认为在满足她的需求方面,我只能得4分。"

卡米拉也分享了自己对夫妻共同期望的看法以及相应的评分。卡米拉说:"我想让彼得认识到,当一个职场妈妈是非常具有挑战性的,更何况我的工作并不容易,我也希望自己能多待在家里,可我实在做不到,所以我需要他的谅解。"卡米拉认为，彼得在满足她的需求方面的得分大约是 5 分（满分 10 分）。谈到彼得对自己的期望时，卡米拉表示："彼得总是希望我能站在他这边，甚至即使我不同意，也要尊重他的决定，比如女儿该什么时候戒掉奶嘴。"而在满足彼得的需求方面，卡米拉给自己打了 7 分。

彼得和卡米拉在审视了他们相互交织的生活后，开始清楚地意识到彼此真正的需求和期待。在得知卡米拉渴望得到自己的谅解时，彼得感到非常惊讶。彼得一直认为卡米拉作为一个职场妈妈已经非常出色了，因此他鲜少当面对她进行赞扬，总认为没什么必要。听到彼得的评价后，卡米拉终于卸下了沉重的负担，甚至改变了对自己的看法。同时，卡米拉也证实了彼得的猜想：她确实很担心彼得没有好好照顾自己的身体。过去，卡米拉总是对这件事避而不谈，因为她不想给彼得带来不必要的压力。

这次谈话让彼得和卡米拉获益匪浅。

下列注意事项可以帮助你在和伴侣探讨彼此的需求时收获更多。

· 你的看法仅仅基于你所了解的事，但你了解的事也许并非事实。因此，你可以在谈话中这样说："这是我的看法，我知道我没有看到全貌，所以我有遗漏什么吗？"

· 询问细节并请对方举例说明，以澄清含义、增进理解。如果你真的对自己读到或听到的东西感到困惑或震惊，那么这点十分重要。

·避免为自己辩解或责怪伴侣，在刨根问底的同时，也请你尽可能地保持思想开放，避免情绪激动。因为只有这样，你才能尽可能地了解伴侣是如何看待你的。

·专注于构建你们共同的未来，而不是重复过去。试着把过去看作一个跳板，以乐观的心态推动你们的未来。

·不要害怕探索彼此需求的谈话会给你们带来的改变，谈话的主要目的是加深彼此的理解和信任，对于可能带来变化的奇思妙想，则需要多加留意。对生活的改善，不仅要依靠彼此的需求来推动，还有更多需要考虑的因素。

事实上，列举伴侣在多少事情上对自己有误解并不困难，甚至我们每个人可能都有一份这样的误解清单。但在谈话中，请你只说该说的话，并通过谈论以前未谈论过的事情，发现更多有利于你们追求幸福的方法。如果你对伴侣的意图抱有最坏的预期，那么谈话就很难有好结果。事实上，严苛与诚实可以互相制约。

瑞恩·德特默和莉亚·德特默便走了在这条模糊的道路上。瑞恩在迈阿密有一家平面设计公司，他每周都会去练习泰拳。莉亚在做兼职工作，她喜欢为四个孩子做各种新菜式。在分享四位观表格的评分和比较各自的看法时，他们经常互相指责。瑞恩谈到，有一次，莉亚事先未征得他的同意，就邀请她的家人来家里住，他因此感到非常沮丧。莉亚则发泄道，瑞恩从来不想当"白脸",总是扮演一个有趣的家长的角色,而把惩罚孩子的任务都推给了自己。

我们建议瑞恩和莉亚先冷静下来,过一天再谈,花点时间思考对方所写的内容以及如何与对方进行有效沟通,避免谈话才一开始就相互指责,并且一味为自己辩护。然而过了几天,他们的谈话依然火药味十足。在被问及以前是如何面对这些矛盾并让婚姻坚持下来时,他们表示,此前他们对夫妻的共同愿景抱有很大的热情,正是这份热情支撑着他们走到现在。

于是,我们建议瑞恩和莉亚再读一遍他们的共同愿景,或者暂停谈话,一起看看有趣的电视节目,或者分别去不同的房间,用聊天工具进行对话。

每一对夫妻都有他们自己的沟通模式,换一种更为合适的沟通方式,也许就会海阔天空。同时,每一对夫妇都可能需要通过不止一次的谈话来解决这些问题。或许你和伴侣的对话进行得并不顺利,而你对自我的全新认知也可能让你觉得不舒服。但不管怎样,我都要恭喜你——在共同的人生历程中,你们迈出了崭新的一步。

在这一章中,我们为你安排了很多任务,在重新审视了生活的各个方面以及你与伴侣之间的影响后,你可以用相同的方法审视你与其他重要人物之间的关系。

Parents Who
LEAD

第二部分

02
你的生活

Parents Who

第四章
你和孩子

Parents Who LEAD

文学家阿耶莱·沃尔德曼曾说过:"作为父母,你的责任不是成为自己一直想成为的那种父母,也不是成为你一直渴望拥有的那种父母。你的任务是成为子女需要的父母。"当我们引导子女走向富有同理心和自信的生活时,能否顾及孩子们内心真正的渴望?

卢克·贝利刚刚被提拔为一家大型投资管理公司的首席技术官,他的妻子佐伊过去是一名教师,现在是一名全职妈妈。当佐伊和卢克坐下来和六岁的儿子艾伦交谈时,他们自以为很了解孩子。他们以为艾伦会告诉他们,他希望爸爸妈妈能多抽些时间陪他一起玩游戏,或者一起去看冰球比赛;他们以为艾伦会感谢他们成为自己的父母，然后急切地问，还要谈多久才能去玩卡车玩具。

佐伊在早餐时和艾伦聊了十分钟。她没想到的是，艾伦说的居然比他们预料的多得多。佐伊说：

艾伦讲的都与他自己的感受有关，比如恐惧、悲伤、愤怒，有些事对我这个成年人来说可能微不足道，但他希望我能意识到这些事确实让他有了非常不好的感受。我决定以后多和他进行交流，因为他在一点点长大，要面对的挑战也会越来越多，而我是他的妈妈，我必须倾听他的心声，才能给他他所需要的指导和支持。

几天后，卢克在睡觉前和艾伦进行了谈话。他说：

艾伦希望我能多花点时间陪陪他，和他做一些他一个人难以完成的事，比如搬重物、保护他不受坏人的欺负。最让我吃惊的是，艾伦希望我不要在睡觉前做一些让他激动的事。我回家的时候他一般要上床睡觉了，我见到他很高兴，所以喜欢和他闹着玩，喜欢拉着他做这做那，这让他没法好好休息。艾伦很了解自己，知道被我一闹，他就很难睡着了。

作为父母，佐伊和卢克都开始以不同的方式对待艾伦。佐伊意识到，虽然有时候她会劝慰艾伦不要担心某件事，或者告诉艾伦事情没什么大不了的，但她确实并没有从艾伦的角度考虑，也并不了解艾伦的真实感受。在意识到这一点后，佐伊开始关注艾伦的感受，并把自己观察到的情况反馈给艾伦。比如，她会说："我知道你现在很沮丧。"通过这样的方式，佐伊就能听到更多的艾伦的心声，从而给予他更多的关爱和帮助。

卢克总因为回家很晚而对艾伦心存内疚，因此他总希望能在睡前多陪艾伦玩一会儿，可这其实并不符合艾伦的期望。所以卢克选择了一种新的方法：找一本故事书和艾伦一起进行睡前阅读，让他在故事中入眠。艾伦非常喜欢这样的安排，卢克也不再因为对孩子缺少陪伴而感到内疚。

要做一名好领导，不仅要关心下属，更要与他们建立信任关系。而这种信任关系基于你们共同的需求和期望。为此，你需要投入时间、倾注心血。但同时，建立信任也需要技巧。养育子女也是如此，在你对孩子提出各种要求之前，请先了解他们真正的需求。

在开始深入了解你的孩子之前，请先深入地反思：于你而言，为人父母究竟意味着什么？

孩子会给你带来哪些改变

许多人会说:"养育儿女是我们生活中最为重要的责任。"但很少人说:"养育儿女是我们生活中唯一重要的事。"

我(艾丽莎)记得在成为母亲之前,我对生育心怀恐惧,担心会因此迷失自我,担心自己的事业、爱好、与丈夫的关系,以及生活中其他令人兴奋的部分都会因孩子的到来而发生变化。然而在真正经历了生育的艰难,并成为一名母亲之后,我却有了不同的感受。虽然我重新调整了生活中各部分的优先顺序,但也同时迎来了崭新的人生:我的生活变得更加充实了。虽然养育子女可能会与我们生活中的其他方面产生冲突,但养育子女可以让我们践行自己的价值观,我们可以和孩子们分享自己生活中的点点滴滴,或许还会发现意料之外的风景。

我们将邀请你思考养育子女与你生活的其他部分之间是如何相互影响的,从而让你可以更好地与子女进行沟通,增进对他们的了解。

育儿与工作

你的工作将如何影响你的子女,他们又将如何影响你的工作?和我(斯图)在几十年前所观察到的一样,我们的工作和我们对工作的态度，与我们作为父母的表现以及孩子的健康成长息息相关。

不论是工作还是孩子，都需要我们倾注心血、投入时间和精力。那么怎样投入才是最理想的呢？人们普遍认为，好员工应该把大量时间投入工作，做到随时回复短信和电子邮件，并且可以随时出差或接受额外任务。虽然越来越多的人意识到，工作时长并不等同于工作能力强。

同样，人们对好父母，尤其是好妈妈的要求和期待也依然根深蒂固——他们不仅要每晚在家准备丰盛的晚餐，为孩子制作第二天的午餐便当，还要能抽出时间观看孩子们的足球比赛和学校演出，甚至到孩子所在的学校做志愿服务。

这也就很好理解，为什么如今的职场父母总觉得自己无法同时扮演好这两个角色，想要做好一方面，就势必牺牲甚至舍弃另一方面。

卡米拉·奥洛夫白天总是忙于工作，她说："我上下班的路上需要九十分钟，每天都要工作整整八小时，根本不可能下午三点去学校接孩子。"卡米拉说得没错，一个人不可能同时出现在两个地方。当父母双方都长时间忙于工作时，每一个家庭成员都可能因此受到负面影响。

除了时间，注意力对我们来说也是非常宝贵的资源。无论何时何地，我们的注意力都有可能被分散。有时候我们明明在陪伴孩子，心里想的却是工作；或者工作时，我们脑子里却在考虑孩子的事情。

在我们生活的这个世界里，电子产品不分昼夜地分散着我们的注意力。尽管科技可以为我们提供各种各样的新方法，让我们驾驭生活的不同领域，但它同时也带来了很多问题。越来越多的证据表明，许多父母在陪伴孩子的时候被电子产品分去了注意力，导致孩子们对"人在心不在"的父母感到非常不满，更对亲子关系产生了负面影响。

请你思考一下这个问题：你随时回复工作邮件、接听工作电话，会对你的孩子产生什么影响？

实际上，工作和家庭不一定是对立的，而是可以成为盟友。许多人都认为自己没有时间兼顾工作和家庭，这无可厚非，但这个观点其实是有失偏颇的。因为我们忽略了一种非常微妙的情况——工作和家庭其实可以相互支撑，为彼此创造价值。最明显的一点是，我们可以从工作中获取报酬和福利支付养育孩子的费用。对大多数职场父母而言，只有通过工作，才能赚到钱；只有有了钱，一家人的衣食住行才能得到保障。

当这些基本的生活需要得到满足之后，薪水的作用便是锦上添花了。比如，我们可以给孩子们请保姆，并且聘请又聪明又值得信赖的家庭教师，还可以为孩子们报名参加名师的课程，等等。

此外，我们从工作中获得的心理上的满足，比如自信、成就感、使命感等，都可以帮助我们成为更好的父母。一位研讨班的参与者在产假结束后重返工作岗位，她当时如是说：

老实说，换尿布、喂奶、吸奶、哄孩子入睡，这些没完没了的事简直让我筋疲力尽、头脑麻木。后来我回去工作，专心致志地完成项目，才终于让我体会到了久违的成就感，虽然工作很忙，我却感到非常轻松。当我下班回家照顾孩子时，我的内心是充满力量的，我不会满腹牢骚，更不会不停抱怨。

思考一下这个问题：你的工作是否让你成了更好的父母？

只要留心观察，你就会发现，其实工作和育儿的知识与技能是相通的。一位新手爸爸告诉我们："做爸爸之前，我哪怕在工作上出了一点小问题，都会感到焦躁不安；做爸爸后，我变得更有耐心了，目标感也更强了，不会再让小事影响自己。成为父亲让我学会了如何正确地看待事物。"

同样，我们在工作中获得的知识与技能也可以用来提升我们做父母的能力。

在决定全职照顾孩子之前，艾米·布伦纳从事的是信息技术服务工作，她希望等孩子们大一点后再回到这个行业。后来，艾米的孩子们表现出了对编码的兴趣，于是她就利用自己的工作技能创建了很多可以与孩子们一起完成的编程项目。最后，艾米甚至创建了一个家庭网站，由孩子们负责更新。现在，艾米正在考虑创办自己的公司，为其他父母提供此类工具。

其实，工作和育儿的协同并不局限于某一个行业或某一项技能。比如，我们常会在工作中看到甚至亲身经历各种纠纷和谈判，我们可以从中吸取经验，以更加灵活的方法应对家庭成员之间的复杂关系。

研究表明,我们每天在工作中产生的积极和消极情绪都会影响我们的家庭生活。如果我们在工作期间情绪饱满、全情投入,那么晚上回到家后,我们就更愿意与家人有说有笑,一起做些有趣的事情,也会更愿意带孩子读书,而不是沉迷于电视。无形中,孩子的读写能力得到了培养,我们也更容易恢复活力。

请你思考一下这个问题:工作是否影响了你作为父母的表现?

育儿与家庭

孩子会彻底改变我们和伴侣的生活。首先,我们来说个坏消息:为人父母后,我们的婚姻满意度就会明显降低,孩子越多,满意度就越低。再来看好消息:婚姻满意度的下降并不是生儿育女的必然结果,没有孩子的夫妻的婚姻满意度也会随着时间的推移而下降,只是下降的幅度没有那么大。沟通、协调和冲突管理的技能,才是避免婚姻满意度下降的法宝。

对于职场父母而言,有一个首要问题必须解决:如果孩子生病了,谁来请假照顾孩子?在一项针对职场父母的调查研究中,近一半的父亲认为这个责任应该在母亲和父亲之间平均分配,而只有35%的母亲认为这个责任应该平均分配,绝大多数母亲觉得这个责任应该由自己承担。换句话说,夫妻双方在分担育儿责任这一问题的理解上存在差异。

问一下自己:育儿责任的分配对你和你的伴侣的关系有什

么样的影响？

此外，孩子的存在也会显著降低伴侣双方在情感和身体上的亲密接触频率。一位研讨会参与者告诉我们："我白天工作了一整天，晚上还要哄孩子睡觉、遛狗，所以很少'有心情'，性爱好像只是我待办事项清单中普通的一项。"她的丈夫虽然也不想抱怨性生活不够，但他确实十分怀念过去一周可以做爱几次的日子。

接下来考虑一下：成为父母后，你与伴侣的身体和情感上的亲密接触发生了哪些积极和消极的变化？

有孩子后，我们需要调整与亲人的相处方式。

我们在第一章提到的杰克·森特和蒂娜·奥特曼夫妇来自查尔斯顿。他们有两个儿子。他们决定在安息日这天和孩子们一起尝试不使用电子产品，然而他们并没有意识到这个决定会让杰克的母亲心生不满。杰克的母亲没有与他们生活在一起，但每当他们来看她时，她都会玩手机，还会打开电视当背景音。为此，蒂娜和杰克只得找她沟通，希望在安息日这天，当她与孩子们在一起时，她能把心思更多地放在陪伴家人上，但这个建议让杰克的母亲大为光火。

李·杨和格蕾丝·杨最近发现，他们正深陷一个意想不到的挑战中：他们的儿子亚当患上了罕见的遗传疾病。于是，格蕾丝的父母便搬去和他们一起生活。李说：

> 我非常感激岳父母所做的一切，比如每周带儿子去看医

生、收拾房间、从零开始学做中国菜，等等，但是我也经常感到沮丧，我不想总是由岳父告诉我们该吃什么、该买什么品牌的牛奶，以及该如何养育儿子。身为一个父亲，我希望孩子的外祖父母只是在旁协助，而不是指挥。

思考一下这个问题：为人父母以后，你对亲戚的态度发生了哪些变化？

育儿与好友邻居

父母并不是唯一可以满足孩子需求的资源，亲朋好友、街坊邻居、同学，都可能在我们最需要的时候出现在我们身边。因此，我们完全可以向他们寻求帮助。对于许多父母来说，这其实是一种改变游戏规则的尝试。请思考两个问题：你的邻居或好友是否可以帮助你成为更好的父母？成为父母后，你可以为他们做出什么样的贡献？我（斯图）每天都会带着儿子在附近的公园散步，并向我们遇到的每一个人问好。正是这个简单的行动加深了我们与邻居们的联系，同时也让我有机会跟儿子一起谈论不同的话题。

仔细想想这个问题：由朋友、社会，以及其他社区资源组成的关系网，可以如何帮助你成为更好的父母？如果反过来，又会怎么样呢？

育儿与自我关照

身为父母，如果能照顾好自己的精神和身体，就可以为子女带来积极的影响，而睡眠不足不仅会影响我们的育儿情绪和决策，还可能增加发生车祸的风险，给孩子们的生命安全带来隐患。

如果我们关注自身健康，并在睡眠、运动和营养方面做出改善，这些行为也会有益于孩子们的身心健康。孩子们看到我们经常健身，就更容易爱上运动；通过观察我们的饮食习惯，孩子们可以学到很多关于食物和营养的知识；通过看到我们注重健康饮食，孩子们就更有可能选择跟膳食营养素摄入量相匹配的水果和蔬菜。如果我们一边在家给孩子们准备有机儿童餐，一边自己点披萨，大口喝啤酒，那么我们和孩子们的健康就都会变得很糟糕。

现在，让我们来讨论父母向孩子们传递的关于外表和体重的信息吧。

和其他母亲一样，我（艾丽莎）也从自己的母亲那里继承了身体形象上的特点，但我并不希望把这些特点遗传给下一代，尤其是我的女儿。最初，我的策略是在孩子面前假装自己对健康饮食和健身锻炼有着非常积极的态度。我大力推崇营养饮食，赞美强壮的身体，并试图找到有趣的锻炼方式。我不仅把这些观念传递给了我的孩子们，同时也改变了我自己。虽然我依旧觉得健康饮食不够美味，也经常在锻炼上偷懒，但我正朝着更健康的形象迈进。成为母亲后，我深知自己与身体的关系会深深地影响孩子们在以后生活中对待自己身体的态度，而如果没有孩子，我可能永远也不会对健康饮食和健身产生兴趣。

最近的几项研究证明，我们可以通过调节压力、彻底放松来关爱自己，进而更好地管理情绪，不让孩子被我们的负面情绪影响。例如，如果父母经常练习正念冥想，孩子就会从父母越来越积极的行为中受益，变得同样乐于倾听、对人热情。还有研究发现，给自己放松的时间越多的母亲，其孩子产生问题行为的情况越少。

当然，孩子也可以成为父母的快乐源泉，进而直接改善我们的生活。我们可以让自己置身于孩子的游戏中，怀揣着"孩子般的好奇心"连接自我和世界。

练习八：为人父母意味着什么

在思考了育儿与生活其他部分的关系后，现在请你多花点时间明确自己想从为人父母的责任中得到什么，并试着回答以下问题。

1. 你为什么想要孩子？

2. 对你个人而言，成为父母让你得到了哪些快乐和满足？

3. 育儿过程中的哪些方面可以帮助你实现自己的价值观和愿景？

4. 为人父母对你的事业有什么帮助？

就像你可能很喜欢自己的工作，但不喜欢其中的某些任务一样，你也可能既喜欢为人父母，又为其中的某些方面感到烦恼，觉得当父母是一件彻头彻尾的苦差事。大多数人之所以愿意成为父母，是因为他们期待通过这样的方式让自己的人生更加完满，所以他们很少预料到为人父母的艰辛。

在成为父母后，梦想和现实之间的差距就会逐渐扩大。因此，请你做到同时保有两种观念：养育子女既可以是崇高的，也可以是糟糕的，而且这两种情况时常并存。了解这些有助于你最大限度地享受育儿的过程，同时可以帮助你在觉得沮丧和糟糕的时候克服挫败感。

孩子们会对你有哪些需求

在我们探讨育儿与生活其他方面的关系时，会很自然地关注它们之间的冲突。但我们要相信，作为父母，我们是有机会化解这种冲突的，而且我们可以做得更好。

首先，你得弄清楚子女真正的需求。我们要介绍四个重要的观点给你。这些观点摘自大量有关儿童发展的文献，你可以对应每一个类别想想自己的孩子，思考一下他们独特的个性、兴趣、抱负、怪癖和困难分别都是什么，他们怎样才能茁壮成长？同时，你需要区分"子女需要什么"和"想要什么"，区分"他们的需要"和"你认为他们需要的"。当你和你的孩子谈论他们的需求时，可能会听到一长串他们想要的东西。比如，我们听过很多孩子说他们想有更长的时间玩电子设备，需要更多的糖果和玩具。那么作为父母，我们应该为子女提供什么，提供多少呢？

安全与保障

安全感是孩子们最重要的需求。他们需要相信父母会关心他们，需要相信父母会始终守护他们。随着孩子们逐渐长大，他们在家庭中获得的安全感将促使他们成为强大的人，并逐步走向独立。

然而，为人父母的难题之一就是，一方面，我们要给孩子足够的安全感，让他们感到平静和自信；但另一方面，我们仍需让孩子们明白世事无常，必须做好应对的准备。

我（艾丽莎）最近就遇到了一些难题。我的孩子们在学校里参加了一次"主动射击"训练。在那次训练后，我八岁的儿子有好几个晚上都难以入睡。辗转反侧间，他总希望我能向他保证不会发生危险的事情。我为此绞尽脑汁，既想让他感到安全，又想诚实地告诉他，危险的确存在。我一再告诉他，未来他一定要有应对危险的能力，而我们作为父母也一定会帮助他、保护他。

价值观和道德

大多数父母在孩子成长的过程中都想把自己的价值观灌输给他们。父母可以通过讲故事、提建议、聊天和谈话等多种形式影响孩子的价值观和道德发展，孩子们也会自然而然地把父母的价值观转化为自己的。如果父母善良正直，那么他们的孩子可能在两岁左右的时候就已经有了一定的是非观，愿意对他人报以同情，并产生帮助弱小的意愿。

丽莎·戴维斯和埃迪·麦克唐纳一家住在丹佛，他们有三个孩子，年龄在九到十二岁之间。丽莎和埃迪在创造共同愿景时提到，他们希望孩子们能爱护环境。可实际上，他们很少在家讨论环保问题，也没有刻意培养孩子们除垃圾回收以外的其他爱护环境的行为习惯。他们意识到，如果他们想把爱护环境的价值观传递给孩子们，就必须自己先行动起来。于是，他们召开了家庭会议，向孩子们阐述了保护环境的重要性，并立即开始行动：每天，全家人都要在散步时捡垃圾。他们把这项活动称为"捡垃圾散步"。这样做不仅可以直接践行他们的环保理念，更重要的是，他们通过具体行动明确地告诉了孩子们"什么才是最重要的"。这一行为的好处在后来得以体现——他们的女儿决定把这个想法带到女童子军中。

关心和关爱

对于职场父母而言，亲子时光颇为难得。下班后，我们的身体虽然回了家，但心可能还在工作上。因此我们经常会觉得孩子们太吵太麻烦，与孩子的亲密时光也随之变得少之又少。

不仅如此，直升机式家长[1]也比比皆是，过度教养的情况并不罕见。父母们总想要在方方面面干涉孩子，这不仅破坏了父母与孩子的亲密时光，还会阻碍孩子们提升能力，导致他们变得不自信。

同时，随着孩子们不断成长，他们对父母的关爱的需求也会发生变化。青春期的孩子对爱的需求肯定与幼儿期完全不同，因此父母对爱的理解也应随之发生变化。

父母和孩子虽然住在同一屋檐下，但这并不意味着孩子们

1　指方方面面都要干涉孩子的父母。

就能顺利得到父母的关爱。

就拿使用电子产品来说，尽管许多父母认为过度接触电子产品会严重影响孩子们的身心发展，但很少有父母会审视自己使用电子产品的情况，并反思这会给孩子造成多大的负面影响。萨布拉·卡比尔和丈夫雅利安·卡比尔是以色列侨民，居住在康涅狄格州。当他们坐在自家花园里听到孩子们谈论父母时，才突然意识到，原来自己摆弄电子产品这件事会经常让孩子们感到心烦意乱。萨布拉告诉我们："女儿丹亚说她很不喜欢我们总是在家玩手机，甚至希望我们的手机不存在。她还建议我们能在一天中的某个特定时间放弃使用手机，和他们兄妹俩共度一段'纯粹时光'。"

纯粹时光！多好的词啊！

虽然萨布拉和雅利安的孩子们可以很好地表达自己的意愿，但很多时候，孩子们是通过非语言的方式来表达自己的感受的，尤其是幼童。比如，当你同事的电话打断了你们吃饭、就寝、洗澡、花园休闲，或任何其他宝贵时光的时候，孩子们可能不会说："你接了那个电话就是伤了我的心，这让我觉得自己好像没那么重要。"他们可能会大吵大闹，甚至试图把电话抢走，模仿你打电话，或者反复打断你。因此，除了倾听孩子们的谈话，也请你时刻关注孩子们在非语言方面给出的提示，并仔细思索：孩子到底为什么要这样做？这些反思可以帮助你调整享受亲子时光时的状态，并做出持久的改变。

明确的期望

有充分的证据表明，对孩子进行责骂和体罚并不能帮助孩子走向正确和积极的方向，明确的期望和指引对孩子的推动作用更为明显。当然，我们不是在告诉你应该对孩子有什么样的期望或者如何实现这些期望，这些事情要由你和伴侣根据孩子的特点决定。

那什么是明确的指引呢？举个例子，你可以为孩子制订一份家务表，规定他每周必须为家庭做出的贡献。这样孩子既能明确你对他们的期望，你又能教会他们责任的含义，还可以帮你腾出更多时间做其他的事情。

我们期待你能深入思考孩子的独特需求，想想孩子对你有哪些不同的要求，并试着就每一类要求至少举出一个例子。

练习九：列出你的孩子需要什么

现在，请根据孩子的特点仔细考虑并写下在你心目中，他（他们）对以上四个类别的具体需求，包括安全和保障、价值观和道德、关心和关爱、明确的期望。你要尽可能地区分"你认为他们需要什么"和"他们真正想要什么"，以及自己在多大程度上满足了他们的需求。

虽然这些会随着孩子们的成长而有所改变，但对当下进行评估并找出改进的机会，会对你和孩子有所助益。记住，领导者要面对现实，并努力改变现实。

请你首先考虑以下提示：

1. 你的孩子怎样才能感到安全？如何培养他们自力更生的能力，帮助他们面对世界？你现在有多努力？从1分（最差）到10分（最好），给自己打个分。

2. 你希望给孩子灌输怎样的价值观？你想让孩子们以什么样的行为为榜样？

3. 你的关心和关爱，真的是你的孩子们所需要的吗？花三十分钟全身心投入地陪伴他们，与花三个小时心不在焉地和他们在一起，哪一种对他们更好？

4. 你是否清晰地告诉了每个孩子自己对他们的期望？从1分（一点都不清晰）到10分（非常清晰），给自己打分。

为人父母并非易事，孩子的出生也不意味着我们就能马上成为合格的父母。如果我们能够遵循典型的儿童发展规律，就能找到更多资源和办法，帮助自己成为合格的父母。但孩子的成长不是千篇一律的，无论是身体、认知还是情感，每个孩子都是独一无二的。因此，我们要想找到独属于他们的个性化需求是极其困难的。

没人能做到仅凭一己之力就完成这件事，但你可以充分利用专业人员，比如社会工作人员、职业治疗师、有执照的心理咨询师，或者其他私人资源的支持达成自己的目的。

如何与伴侣达成育儿共识

我们写作本书的一个重要目标就是帮助你和伴侣在育儿方面达成共识。这就意味着你要充分表达自己的观点和设想并和伴侣进行讨论,同时还要了解对方的看法。研究表明,当父母采取一致的育儿策略并进行有效合作时,会给孩子带来非常积极的影响。而这种一致性对于已分居或离婚的父母而言尤其重要。因为对于他们来说,寻找共同点并建立相互尊重的对话变得非常困难。

法官安东尼·阿塞托和高级营销经理乔伊斯·卡萨诺一家住在亚特兰大郊区,他们有两个孩子——五岁的马里奥和两岁半的克拉拉。安东尼和乔伊斯分别写出了他们认为的两个孩子的需求并相互查看。

经过讨论,他们在一些问题上达成了一致:固定的就寝时间有利于马里奥的成长,克拉拉则需要一些和父母独处的时间,同时马里奥此时最好不要在场。夫妇俩也存在一些分歧。乔伊斯说:"克拉拉明明比马里奥小三岁,安东尼却对他们提出了同样的要求。当克拉拉不听话甚至大发脾气时,安东尼似乎完全忘记了其实马里奥那时候也是如此。他期望一个两岁半的孩子表现得像个五岁的孩子,这是不公平的。"安东尼的看法则完全不同。他说:"乔伊斯太溺爱克拉拉了,一味由着她,犯了错也不惩罚。乔伊斯不能再因为克拉拉年龄太小就这么心软了,这对克拉拉和我们全家都没有任何好处。"

安东尼和乔伊斯争执不休,并由此开启了一场关于该如何对待克拉拉的重要对话。这样的对话有助于他们理解对方的想法,消除一直以来对彼此的不满情绪。通过对话,他们终于看到了达成一致的希望。

练习十:寻找育儿共同点

现在,请你找时间和你的伴侣坐下来讨论你们的孩子,以及他(他们)究竟需要你们做些什么。你既可以敞开心扉说出自己的想法,也可以问对方问题,并让对方解释他(她)的想法。请你们像往常一样畅所欲言,专注倾听,互相帮助。在这个过程中,请你们注意"想要"和"需要"的区别,以及"需要"和"应该"的区别。最后,请你们试着就孩子真正的需求达成共识,并写下你们对孩子的希望以及你和他(他们)的关系。

即使你们非常愿意了解对方的想法,也可能会在"什么事情对孩子最有益处"的问题上产生分歧。你和伴侣可能来自不同的文化背景，拥有不同的成长经历，并因此在育儿观点上大相径庭。不管这些分歧出现的原因是什么，你们都要在沟通时保持对彼此的同理心。

你最先要做的可能就是妥协。没有人能得到自己想要的一切，因此你通常只能做出选择。如果你认为孩子每个周末都应该去看望（外）祖父母，但你的伴侣认为不用这么频繁，那么，你们就需要找到折中的办法——只需要让伴侣同意孩子们每隔一周去看望（外）祖父母一次即可。

然而在很多情况下，妥协并没有那么容易。法蒂玛·马苏德在一个保守的穆斯林家庭长大，因此她希望女儿能在十五岁生日后开始戴头巾。她的丈夫阿里·马苏德则认为，女儿应该自己决定是否佩戴头巾。法蒂玛和阿里都不想妥协。

在这种情况下，法蒂玛和阿里就需要根据具体情况，考虑该怎么做才能达成一致。他们可以选择询问孩子对这件事的看法，或是向另一个值得信任的人寻求建议。毋庸置疑，他们必须寻找创造性的方法解决这个难题。法蒂玛和阿里就头巾对他们每个人的意义和女儿进行了讨论，并发表了各自的观点。作为一个家庭，他们仍在努力适应各自的宗教和文化传统，但现在的对话无疑比以前更加开放和富有建设性了。

请你和伴侣务必尽最大努力就你们的分歧达成共识，然后继续与孩子进行沟通。

如何与孩子沟通

在与孩子交谈之前，请提前思考你即将说的话会对他产生怎样的影响，考虑一下你究竟想说什么以及想怎么说。和孩子进行对话主要有以下目的：

- 让孩子增强对家庭价值观的理解。
- 从孩子的角度看待问题。
- 奠定交流基础，为之后的对话做铺垫。

每个孩子的年龄不同、个性不同，因此你们所准备的谈话方式自然也应有所不同，**我们的确可以提供一些与不同年龄段的孩子进行沟通的建议，但最了解孩子的其实只有你自己。**请你选择一种方法，并在一天中最适合的时间和孩子进行谈话。但你必须做好心理准备：你们达成共识的过程可能会一波三折。

传递价值观

现在，你和伴侣已经在重要价值观方面达成共识并确认了共同愿景，现在是时候考虑一下如何向孩子们描述这些价值观了。若你面对的是蹒跚学步的孩子，这样的对话显然行不通，你们需要做的只是经常在家重复能代表你们价值观的话。这些话可能是"我们是一家人，我们很善良、很开心，我们彼此很相爱"。在我（斯图）家里，我们经常重复"每个人都不一样"这句话，这表明我们愿意尊重每个人独特的个性和需求。你们可以围绕这句话画一幅画，并把画贴在冰箱上，鼓励家人开展谈论。你也可以选择一些可以代表你们价值观的儿童书籍，定期读给孩子听。

对于正在上小学的孩子，你可以让他们谈谈我们该如何对待自己、对待彼此，以及如何对待我们的星球。你也可以把自己的价值观融入对孩子的四种需求（安全感、价值观、关爱与期待）的满足中。值得注意的是，你需要在交谈中使用这个年龄段的孩子能理解的语言。例如，不要说你重视"公正"，而是说你希望"所有人都一样"。你可以在开始对话前整理一些孩子能懂的词汇，这可能会对你有帮助。

当你面对的是青少年时，可以考虑事先给他们打印一份价值观清单，让他们选出家庭中最重要的五个价值观并给出相应的解释。这个做法可以让孩子们感到自己也是家庭价值观的制定者。你可以在未来的几个月或几年里重复使用这个方法。

了解彼此的期待

为了顺利与年幼的孩子对话，你可以问："好爸爸、好妈妈是怎么做的？"或是"你需要我们怎样做，你才能高兴？"

对于学龄儿童，你要更多地了解他（他们）对你的期望以及你对他（他们）的期望在他（他们）眼中意味着什么。你可以问孩子："我要怎样才能帮助你在学校取得好成绩？"或者"你想做些什么来保持身体健康？"

面对青少年，你可以直接讨论你们对彼此的期望，让他讲一讲在他的印象中，你对他的期望，再听听他对你的期望。不过我们得强调一下，孩子经常会通过行为来表达感受。因此，要想找到问题的答案，你不仅需要倾听孩子的心声，还要解读他们的行为，并试图从他们的行动中捕捉有价值的信息。

奠定基础

作为父母，和孩子进行充分的对话可以为你们未来的亲子关系打下坚实的基础。你们需要和孩子讨论他当下的情况，他需要什么，你们共同的期望是什么，你们要怎样一起为实现你们的共同愿景而努力，以及这一切对家庭以外的生活意味着什么。随着孩子一天天长大，开展这些对话的环境、背景也在不断更新，因此你需要不断拓展和提升自己的理解能力。在这个过程中，你将看到自己的领导技能逐步成熟，并帮助你逐步改变你和家人的生活。

如果你的孩子试图在对话中重提你的过错，你可以把谈话的重点引导至共同改进、共同进步的可能性上。你的孩子一定会为一对不因循守旧的父母、一对愿意革故鼎新的父母而感到高兴。在本书的后面，我们将介绍该如何找出你可以尝试的方法。

通过这些谈话，孩子现在可能已经逐渐接受一家人可以不断尝试新方法这件事了，并且从中受益。而后，你可以询问他们更愿意尝试哪些新方法，并借此提高他们对改变的热情。

当然，你的说话方式要与孩子的年龄相适应。对于年幼的孩子，你可以这样问："我们能不能一起尝试……"对于大一点的孩子，你可以要求他们花点时间制订一些可行的计划，并就如何让你们一家人实现某个共同愿景发表意见。

练习十一：与孩子交谈

请你和孩子进行交谈，记录下他（他们）说的话，并注意他（他们）的非言语行为。你需要仔细考虑的是，你从这些交流中得到了什么样的启发，对孩子的需求有了哪些了解，是否发现你的某些猜想并不完全准确，以及你们一家人可以采取哪些做法。如果下次再进行这样的对话，你想谈什么？

随后，就你听到的内容和获得的启发与伴侣进行讨论。如果之前的谈话是在你和孩子之间单独进行的，那么现在你就需要让你的伴侣了解谈话的内容以及孩子的观点。

这里有一些额外的建议，你可以在与孩子进行对话时使用。如果你有两个甚至多个孩子，你应该花时间和每个孩子单独交谈。晚上一家人在一起吃饭时，确实很容易开启对话，但如果兄弟姐妹在场，孩子就会感到压力，因此不得不以某种方式说话行事，这导致他们难以敞开心扉。我们并不是反对在餐桌上谈论家庭价值观，而只是建议你们应该单独和孩子谈话。

在每次谈话前，你和伴侣最好先商量好谈话方式，比如是二对一还是一对一。谈话后，你可以把你们的收获进行对比。

考虑一下你想与孩子谈话的时间和地点。一些孩子要到临睡前才能平静下来，才愿意和你依偎在一起聊天；另一些孩子则在临睡前脾气暴躁，根本不愿意好好说话。那么，该如何寻找时机和孩子谈话呢？对于大一点的孩子，你可以考虑让他们自己选择时间，并提前将你们要谈论的内容告诉他们。至于如何邀约谈话，你可以仔细琢磨一下。鉴于"我需要和你谈谈"这种说法听起来可能会让孩子感到不妙，所以你可以这样说："我有一些想法，想听听你的建议。"

在谈话中做笔记，或者在谈话结束后记下所听到的内容。这将有助于你理解谈话的内容，便于你与伴侣进行讨论，并在以后进行复盘。

虽然与孩子的对话总是难以按计划进行，不过这也无妨。首先，的确有些孩子非常擅长口头表达和内省；其次，有的孩子可能会分心，喜怒无常，会犹豫或困惑。如果这是你第一次要求他们用这种方式进行交流，那么这些情况都不足为奇。

即便一次或多次谈话都没有取得什么进展，你也无须沮丧——第一次求职面试往往不是你最好的面试经历，你完全可以把这次谈话当成你人生旅程的一部分，帮助你了解领导力对生活的意义。

乔伊斯·卡萨诺和安东尼·阿塞托决定分别和孩子们进行一对一交谈。于是，他们连续几个晚上轮流利用讲睡前故事的时间和孩子们进行了交谈。他们认真考虑了每次谈话的方式，并想出了几个共同问题。不出所料，他们能和两岁半的克拉拉谈论的东西相当有限，虽然克拉拉能够清楚地表明自己想要他们陪她一起玩、拥抱她，但他们的交谈也仅限于此。尽管如此，他们还是很高兴。借着谈话的机会，他们终于可以在大儿子不在场的情况下与克拉拉共度亲子时光，这正是只有两岁半的克拉拉此刻最重要的需求。

相比之下，他们与大儿子马里奥的交谈就有趣得多了。乔伊斯说：

对话开始时，我问："你觉得好爸爸、好妈妈是什么样的？"马里奥回答："照顾孩子，关爱他们。"我又问马里奥觉得我是否有爱心，马里奥给出了肯定的答案。当我问马里奥喜欢我做什么时，他的回答让我有点惊讶——他居然说自己喜欢我在家工作，因为这样他就可以看到我了。其实在家工作一直让我万分头疼，因为我人虽在家，心思却在工作上。如果让孩子们看到我忙于工作，就意味着让他们看到了我的压力，而最近我的这种压力越来越大。

但同时，马里奥也肯定他看到了我做事时的专注，我的职业道德和我的自信，这些都是积极的方面。更重要的是，当我在家办公时，只要工作一结束，我就会立刻把注意力都放在他和克拉拉身上，而不必忍受冗长的通勤。

但当安东尼试图问马里奥同样的问题时，就不那么顺利了。安东尼告诉我们：

我确实从谈话中感觉到马里奥很关心我，但我很难和一个五岁的孩子开展有意义的讨论。马里奥并没有真正回答我的问题，而且我很难让他集中注意力。据马里奥说，他喜欢上学，我送他上学的时候他都非常开心，他对几周后能去参加少年棒球联盟的比赛感到非常兴奋，也很期待今年夏天的第一次夏令营。我感觉这次谈话其实对我改善育儿方法没有多大帮助，但当然，我依然很高兴他能和我分享这些感受。

随后，安东尼和乔伊斯讨论了各自与马里奥的谈话，他们都对对方谈话的内容感到惊讶——安东尼惊讶的是，乔伊斯居然能让马里奥回答她的问题；而乔伊斯惊讶的是，安东尼居然遇到了这么多困难。他们认为二人之所以存在这样大的差异，是因为他们对待马里奥的方式不同。此外，经过仔细的思考，乔伊斯和安东尼都认为，马里奥其实并不明白父母都希望他能在谈话中仔细倾听并回答问题，马里奥可能更容易接受直接指导。于是，他们决定共同努力，向马里奥提出一些更为明确的要求。只要马里奥能理解这些要求，他就有照着做的可能。久而久之，这些直接要求就会成为他未来出现行为问题时，可以用来解决问题的基础。

他们制订了计划，决定下次要一起和马里奥交谈。

安东尼和乔伊斯还就乔伊斯在家工作的利弊进行了进一步讨论——不只是对孩子的利弊，还包括对乔伊斯自身事业发展和幸福感的影响。在讨论了多种关于工作时间和工作地点的选择后，乔伊斯决定尝试每周三天在家工作，并打算和老板谈谈。如果能得到批准，乔伊斯会尝试几个月，看看这样做会对自己、家庭和工作产生怎样的影响。

在这个过程中，乔伊斯和安东尼也找到了一些新的办法，那就是在更为宏大的生活背景下看待自己作为父母的责任。

关于让孩子参与对话，还有一点需要注意：由于父母谈话的方式和状态存在差异，所以孩子们对谈话的反应可能也会有所不同，但很多父母并没有意识到这一点。你可以问问自己是否对这次谈话感到焦虑，是否觉得尴尬，是否很难表达自己的感受，是否感觉自己准备得不充分？不论你有什么样的情绪，孩子可能都能觉察到。

探索内心的感受对改善谈话大有益处。如果你感到焦虑或尴尬，可以这样对孩子说："这对我们来说可能有点奇怪，毕竟我们从未这样做过，但不妨一试。"你可以为你的孩子树立榜样，让他们知道谈论自己的感受是件好事。

Parents Who LEAD

第五章
你和同事

Parents Who

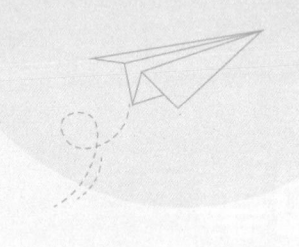

你在职场中遇到的人，不论是领导、同事、下属、客户，还是投资方、前同事等，他们都是你社交圈中的一环。在职场中，人际关系带来的连锁反应会对生活其他方面产生深远的影响。无论你是朝九晚五的上班族还是自由职业者，无论你是否承担管理工作，有没有直属下级，甚至你暂时离开了工作岗位，都是如此。

格蕾丝·杨是一家大型消费品公司的分析经理，我们在前文中提到过，她的儿子亚当患有一种罕见的遗传疾病。格蕾丝的父母为此搬到了她和丈夫李的家中，以方便照顾孩子。三个月前，格蕾丝所在的公司进行了一次绩效评估，她得到的评分并不理想。但不久之后，老板杰里米却在公司的高层会议上表示格蕾丝已具备升职资格，这让她喜出望外。她对我们说：

> 我不知道该不该在老板面前提亚当。因为一般来说我是不会主动谈论亚当的情况的，我很担心老板会因此给我降职，但我还是硬着头皮跟杰里米说了亚当的病情。让我没想到的是，杰里米在得知亚当需要特殊照顾后，加倍肯定了我对公司的贡献，这实在让我非常开心。杰里米说，我比大多数人更早地领悟到在生命中什么才是真正重要的东西。他还说，他原本不确定自己是否应该主动问起亚当的情况。我告诉他，我最喜欢聊的就是和我儿子有关的话题，一谈到儿子我就感到非常幸福。我甚至告诉杰里米，我正在为支持相关的医学研究筹集资金。现在，杰里米正在考虑让我们公司成为这项研究的赞助商之一。

格蕾丝一直认为和同事们聊亚当的病情只会打扰大家工作，因此她不愿在工作场合提到儿子，但她没想到杰里米会把这件事和员工的个人成长联系起来。这次谈话给了他们一个坦诚相待的机会：杰里米之所以不曾提起亚当，是因为他尊重格蕾丝的隐私；格蕾丝也请杰里米放心，其实她很乐意聊关于她孩子的话题。

格蕾丝担心自己得到的反馈会和上次的业绩评估一样不理想，因此一直刻意回避杰里米。她原以为杰里米会因为业绩评估结果而批评她，但杰里米居然告诉格蕾丝，她有升职的可能。

格蕾丝这才发现其实自己的工作做得还不错，一切只是庸人自扰罢了。

通过格蕾丝的故事，我们开始思考，身为职场父母的我们，要如何才能维系和谐的家庭关系，又该如何在生活中获取育儿智慧？

在教育子女的过程中，不仅需要父母双方达成共识，也需要父母及时与子女进行沟通。不仅如此，父母还应尽力维护家庭所处的社交关系网络，了解家庭以外的人对你们家庭的诉求，让他人走入你们的生活、了解你们的想法。而后你就会惊讶地发现，你不但获得了许多意料之外的支持，还有了更多的自由，可以更好地实现你的生活愿景。

如何主动了解你的上司

身为职场中人，如何和上级保持良好的关系常常令我们非常头疼。我们对上司、老板，以及其他管理者知之甚少，对他们的影响也非常有限。但实际上，我们大多数人都有能力塑造这种关系，甚至能做得很好。

对于工作对家庭生活所产生的影响，我们的直属上级起着至关重要的作用。一项有关职场父母的研究结果表明，如果管理者能对员工的家庭生活表示支持和理解，那么即便管理者对员工的工作有较高的要求，员工的工作压力也不太可能影响他们的家庭生活。管理者完全可以"点燃"员工的工作热情，让他们在工作中尽情挥洒，获得成就感，进而在家庭生活中获得幸福感，反之亦然。在员工平衡工作与生活的时候，家庭支持型的管理者往往比家庭友好型的公司政策更为重要。

同时，某些员工福利政策，比如弹性工作时间（改变我们的工作时间）、远程工作（改变我们的工作地点）和兼职工作（改变我们的工作量）等，通常都由管理者决定。因此，管理者也与我们的生活模式息息相关。

管理者有时候也会允许员工以家庭为先，但这通常意味着一些隐性的负面影响，比如，推迟晋升或裁员。同样，管理者的日程安排决策（比如，在下午晚些时候召开会议会耽误父母接孩子放学）和对工作的要求（比如，全天待命并及时回复电邮），也可能会严重影响我们的家庭生活，但管理者往往难以意识到这些。

其实，管理者完全可以提供富有创造性的解决方案，来协调员工工作与家庭之间的关系，这些方案往往比公司的官方政策更为有效。最近，一位来自芝加哥的律师告诉我的同事艾丽莎："我老板是部门里第一个休陪产假的人，这说明他很在乎自己的父亲身份。这样一来，等到我家孩子出生的时候，如果我想请陪产假，就不必那么紧张了。"由此可见，领导者完全可以充分尊重员工的个人生活，并为他们创造一个更为舒适的工作环境。

我们总希望能够通过自己的努力、能力和行动给领导留下深刻的印象，同时又希望自己能在家庭中投入更多时间，而这导致矛盾重重。我们徘徊在"表现良好"和"真实自我"之间，不知道该如何向老板提及工作以外的事。举个例子，假如在中午的时候，你的经理问你是否有时间参加下午六点的会议，如果你想给对方留下一个"努力工作"的印象，那么你可能会说："当然没问题！"但其实你更想说的是："如果非去不可，我也不是不能去。但我得赶紧问问保姆今天能不能晚点走。"抑或你想说："如果必须要去的话，我可以去，但我还是希望今天能多陪陪孩子。"

如果我们希望自己能够获得领导的高度认可，那我们大概会说:"当然没问题。"虽然我们中的大多数人可能不会直截了当地表达自己的真实想法,但我们有必要知道,隐藏自己的真实想法和真实感觉也不是长久之计。

事实证明,常常在职场中"口是心非"会加重你的负荷,让你感到压力重重,并最终影响你的家庭生活。研究表明,融洽的上下级关系可以提高你的工作积极性,减少你的压力,也有利于你的身体健康。

为了能更好地照顾孩子,职场父母们必须和上司保持良好的沟通。为此,你需要适时地与上司聊天,试着相互理解,并建立信任,共同寻找问题的解决之道。

我们和上司沟通的出发点并不是让工作让位于家庭生活,也不是要为自己的利益牺牲上司的利益,我们不提倡零和思维,这对我们为家庭争取权益并无好处。你应该在沟通中更多地了解上司的真实想法,化解你们之间的误会。否则这些误会可能会影响你的工作表现,甚至影响你的个人生活。而后,你可以设法提升自己在工作上的表现,创造积极的局面,争取双赢的结果。

在与上司的谈话时,我们通常会面临一个难题:我们应该透露多少私人信息?当我们在职场中谈及家庭生活时,不同性别的领导可能会做出不同的反应。比如,当斯图(身为男人)在工作中谈起自己的家庭时,大家往往会认为他是一个好父亲。在职场中,人们往往认为与没有孩子的男性相比,有孩子的男性更有责任感,更有机会因此获得涨薪。相反,艾丽莎就很可能不得不和其他职场妈妈一样遭遇"母职惩罚"——身为母亲，她不得不因为必须兼顾家庭而丧失升职加薪的机会。

不过，如果你和上司只谈到了和工作相关的内容，那么聊一聊自己的想法、价值观、理想和期待，也是加深彼此了解的不错选择。理想的情况是，通过这次谈话，你的上司发现你比之前更加了解他的想法，以后也会更认真地完成他所交代的任务。

当然，如果你不愿意和上司交流，或者担心这未必能帮你维护职场关系，我们也能理解。如果主动和上司沟通会让你感到压力，那么你可以尝试把更多精力放在关注上司的期望、目标和价值观上，也让他们更多地了解你的期望、目标和价值观。这对你和你的上司来说就是双赢。

无论在什么环境下，你在和上司谈话时都要注意力高度集中，努力让上司了解你的想法，同时找到你们的共同需求。你可以在一开始时谈谈自己的想法：**"我认为这些事对你很重要（列出三到四点），不知道我的想法对不对？"** 你要针对细节进行提问，努力了解领导关注的重点。比如，或许领导的要求和你以为的不一样，可能比你想的少些，或者多些。但无论结果如何，保持和领导的沟通都有助于你掌握更多实际情况，让事情朝着你所期待的方向发展。

随后，你们的谈话就可以进入下一阶段了。你可以反客为主，对你的领导说：**"我认为以下几点对我的工作最为重要（列出三或四点），您觉得如何呢？"** 只有让上司充分理解你的想法，你才知道以后该如何更好地维护你们的关系。当你发现你们在认知上存在偏差时，可以尝试询问对方是否可以根据实际情况调整策略。

彼得的妻子卡米拉·奥洛夫是一名来自洛杉矶的零售主管，她时常为过长的通勤时间感到烦心。为此，她找她的经理纳齐尔聊了两个小时。在谈话中，卡米拉谈到了自己的价值观和职业目标，然而对话并不顺利。卡米拉告诉我们：

他让我觉得我和机器上的齿轮没什么区别，当我谈到自己的期望时，纳齐尔只希望我能扩大业务规模。我加入这个团队大概十个月了，虽然我们团队的规模不大，但已经为公司谈下了一笔数百万美元的业务。而现在，他对我的期望就是继续帮他扩大业务规模。他丝毫没有把我当作一个人来看待，甚至没有问一问我的家庭情况，这场对话完完全全变成了交代任务。

我只能对他言听计从，不得不在结束对话后气冲冲地回了家。我感到了巨大的无力：我在工作上投入了那么多时间和精力，却得不到应有的待遇。为了工作，我甚至牺牲了个人生活，我怀疑自己的努力到底值不值得，甚至开始认真地考虑是不是要换个岗位、换个领导。同时，我也开始思考，如果我的努力不能得到认可，那是否还有必要拼命工作？

卡米拉虽然不喜欢纳齐尔的冷漠态度，但这次谈话的确让她了解了对方的想法，也让她开始反思拼命工作的意义，并考虑调岗。

我们在和卡米拉谈话时提醒她,不要因为一次对话就简单地定义她和经理的关系。或许谈话那一天,经理也刚刚遭遇了上司的施压,又或许他没有理解卡米拉找他聊天的意图。总之,我们鼓励卡米拉慎重考虑,也提醒她不要因为一次互动就妄下定论。她虽不情愿,但还是同意了。实际上,卡米拉也通过这次谈话对自己有了新的认识:一旦别人让她失望,她就会很快"抛弃"他们。

练习十二:和你的领导聊一聊

根据下面的提示,回想一下你的上司,并写下自己的想法或感受(如果你没有上司,就跳过这个练习)。

1. 你认为上司对你有什么期望?

2. 你的哪些方面超出了他对你的要求?

3. 你需要在哪些方面做出更多的贡献?

4. 你觉得自己能满足上司对你的期望吗?(建议用1~10分表示,1分表示"不能",10分表示"完全可以"。)

现在,反过来想一想。

5. 你希望自己从上司那里得到什么？

6. 你的上司在多大程度上满足了你的期待？（请用1～10分表示。）

想想这场谈话对上司有什么好处？你可以选择一个合适的谈话地点，尽可能地让谈话顺利开展，比如办公室、咖啡馆，或者你们可以在附近散步。从上司的角度出发想一想，一天或者一周中的什么时间才是你们谈话的最佳时机？

尽快在谈话结束后写下你的感悟，并反思自己原有的想法，想一想你的想法是如何被这场谈话改变的？谈话后，你有没有萌生新的、能够满足各方需求的想法？

正如小说家詹姆斯·鲍德温所说："虽然并不是只要你面对了，事情就能改变。但如果你不肯面对，那事情肯定不会改变。"在所有重要的关系中，我们都应该问一问自己，是否愿意面对关系的真相。无论你们的谈话是否令人满意，你都需要在这次谈话中加深对上司的了解，因为他们对你的家庭生活至关重要。同时，你还要尝试加强与上司之间的信任关系，以更好地达成目的。

学会主动和上司沟通，加深对他们的了解，是你成长的一部分。

如何与员工沟通

我们曾研究过管理层对员工工作及个人生活的影响,如果你正好处在管理层的位置上,这或许对你有帮助。作为管理层,你要在公司帮员工确定他们的工作目标,向他们传达信息,对他们提出要求。你的一举一动都可能对员工及其家庭产生持久而深远的影响。

当然,你的下属也会影响你。因此,为你的员工赋能,建立相互信任的高质量人际关系,不但可以帮助他们获得成功,还可以让你从中获益:员工不但出色地完成了本职工作,还愿意做一些额外的工作来支持团队和公司。而员工的这些举动也提高了你成功的可能性,让你成为同事眼中优秀的、能够"激发斗志"的领导者。这是一个良性循环:把权力下放给值得信赖的下属,让自己在工作中获得更大的发挥空间,拥有更多可以投入家庭和个人生活的时间。

想想那些直接向你汇报工作的人的目标、能力和兴趣分别是什么,以及你希望从他们那里得到些什么,这不仅可以帮助你更好地完成自己的工作,还能给你的生活增添许多乐趣。同时,你也可以思考一下该如何把自己的期望告知下属。大多数管理者都认为,绩效评估作为公司向员工传递期待的途径,可以传达要求、激励员工、提升效率，所以他们认为这就够了。但基于绩效评估而展开的对话往往十分生硬。比如，你必须告知员工怎样才算良好的工作表现，因此往往难以达到理想的谈话效果。其实，我们在谈论期望和目标时，应该去不同的场所中，你可以和员工共度休闲时光，比如一起喝杯咖啡或散散步，以便在更为轻松的氛围中了解员工的价值观、愿景和目标。

你必须谨记自己的目的是开启对话，并告诉员工你的要求——你既希望员工为公司效力，又希望自己和员工能在工作以外的方面获益。你可以通过对话了解员工对你的期望，并和员工共同探讨该如何实现你们的共同利益。比如，你的员工可能表示她很想帮你承担一部分工作，因为想得到一个锻炼和发展的机会，所以她非常愿意尝试；而对你来说，这是个帮你腾出时间的好办法，你可以把注意力放在其他地方。因此无论是对你、员工，还是公司来说，这都是一次不错的尝试。也许你手下有很多员工，你无法立即和他们展开一对一的交流，但趁你还想这么做的时候，立即行动起来吧！希望你能够保持这种势头。

艾玛·洛佩兹是一名管理顾问，同时也是两个孩子的母亲。最近，艾玛和她手下的员工大卫聊了一个小时。在谈话前，艾玛告诉我们："大卫可能是我见过最好的人，也是工作努力、人品最好的人之一。"说完，她又补充道："我知道他只会给我最积极的反馈，所以我得费点时间才能知道，自己该怎么做才能更好地帮助他。"当艾玛问大卫需要她做什么时，大卫说他希望艾玛可以继续教他如何应对复杂的客户关系，并能在他遇到麻烦时，及时提供解决方案，做个专业可靠、足智多谋的领导。正如艾玛所料，大卫对她作为管理者的优秀品质赞不绝口，但大卫还是毫无征兆地对她提出了一点建议。

他说得很委婉，但很有"建设性"，甚至关乎我生活和工作的"平衡"。他说，我工作起来很疯狂，虽然我从不要求团队成员也像我一样，但当大家发现我经常熬夜，甚至周末也在加班时，就会很担心我。同时，大家也担心自己将来如果升职，能否"应付得来"。我以前从没想过我的工作习惯会让我的团队产生这样的想法。

和大卫谈话后，艾玛开始从一个全新的视角反思自我，审视自己在无意中传递的信息。她一直认为自己在保护隐私方面做得很好，但现在她发现，其实无声的行动更惹人注目。艾玛原以为自己需要让团队成员看到她对工作的投入，但现在她发现，原来"疯狂的工作安排"未必真的能激励团队。她突然意识到，如果自己不再急着回复电子邮件、改变彻夜工作的习惯，或许还能腾出些时间，和丈夫马科斯像为人父母之前一样一起看电视。

你也应该像艾玛一样，站在员工的角度想一想。你可以选择一两名有代表性的员工，去了解他们的感受。但千万不要忘记，在和员工的沟通中你是拥有权力的一方，因此更需要在谈论工作和生活时谨慎小心。比如，切忌直接询问对方是否怀孕。你应该把谈话的重点放在工作目标和价值观上，目标明确地开启一场谈话，从而帮助员工全身心地投入工作。你可以从员工对你的期待切入，然后这样提问："或许我了解得不够全面，我有漏掉什么吗？"这种提问方式可以给对方安全感，帮助你们开展真诚的沟通。较为理想的结果是，你的员工在每次谈话之后，都感觉你比过去更了解他们，以及你是真的关心他们，而不是把他们当作机器上的齿轮。如果你把这些成效和从与领导、伴侣、子女的谈话中得到的成效结合起来看，就会收获更多看待事物的角度，你的处事方法也会变得多种多样。

练习十三：和你的员工聊一聊

请你根据下面的提示，结合下级员工的具体情况写下自己的想法或感受。

1. 你认为员工对你有什么期望？

2. 你在哪些方面超出了他们对你的期待？

3. 你觉得自己需要在哪些方面做更多的贡献，才能有效帮助你的员工？

4. 你觉得自己能达到员工的期望吗？（建议用

1～10分表示，1分表示"不能"，10分表示"完全可以"。）

现在，反过来想一想。

5. 你希望从员工那里得到什么？

6. 你的员工在多大程度上满足了你的期待？（请用1～10分表示。）

正如前文所提到的，你需要选择合适的谈话时间和地点，思考你该怎样做才能让这场谈话对双方都有利。同样，在谈话结束后写下你的感悟，尤其要记录你的新想法。

如何向同事寻求支持

与非上下级同事的交流可以成为我们的灵感、友谊,甚至合作的源泉,这是上下级关系中所不具备的。许多公司专门成立了员工资源交流群,比如,家长群可以方便家中有子女的员工相互沟通,吐槽群可以让员工更真实地表达自己的想法等。

和谐的同事关系有利于我们努力工作,而且其积极影响甚至可能延伸到工作之外。但同事关系也可能对我们的生活产生负面影响,甚至成为竞争和挫败的源头。许多人都有类似的经历:为了晋升,有的同事会有意或无意地损害我们的名誉。我们自然不会选择与自私自利、冥顽不灵的同事交往,但如果我们希望通过建立良好的职场关系来帮助我们更好地实现工作目标,就不得不未雨绸缪。

艾玛的丈夫马科斯·洛佩兹是一名退伍军人,现在是一名投资经理。马科斯和同事特伦斯、奥斯卡分别展开了交谈。特伦斯的职级比马科斯稍低,但他们并不是直属上下级。特伦斯和马科斯已经共事两年多了,马科斯谈到,起初特伦斯并不愿透露他希望从自己这里获得什么。马科斯说:

> 但聊着聊着,特伦斯开始称赞我的工作态度。他夸赞我总

能把复杂的工作拆解成若干个可执行的小任务，也能适时为大家提供帮助。我进一步试探，特伦斯表示希望我可以更放开些，更有活力一点。我们的日常工作就是整合复杂的销售演示文稿，由于任务总是比较急，时间也很紧张，所以工作压力非常大。但特伦斯说，他似乎没发现我因此受到影响（其实有影响），也对我能完美地"衔接"所有工作感到匪夷所思（其实没有）。我对他的看法表示赞同：如果我能多聊聊自己的工作方式以及我为什么要这样做，或许同事们就会知道其实我也没有那么轻松，或许我也能得到更多支持。

接下来，马科斯又和奥斯卡聊了聊。奥斯卡和马科斯差不多同时入职，两人的职级相仿。马科斯告诉我们：

我约奥斯卡共进了晚餐。最近，奥斯卡转岗到我们部门，成了一名销售，因此我们不再只是对接工作，而是成了一个团队里的伙伴。当我问到他对我的期望时，他表示："就是现在我们做的事。"奥斯卡向我解释了一番，表示如果他遇到问题，那么他愿意相信我，也愿意向我寻求帮助。奥斯卡之所以选择我成为他的导师，是因为我足够坦诚，并且愿意为他付出时间。其实，我从来没把自己当作奥斯卡的导师，因为我的职级也并没有比他高。

当询问奥斯卡，我可以做出哪些改变时，奥斯卡建议我可以在自己需要帮助的时候主动寻求帮助。他认为，明明我的工作量比团队里大多数销售人员都大,但我从不寻求帮助。他说得没错,对我来说,开口求助实在是件很难的事。原因有两个:首先,我习惯自己解决问题。有时候我会为完成工作而花费很长的时间,即便我可以向专业人士寻求帮助,也很少这样做。其次,尽管我很乐意帮助他人,但我仍然认为寻求帮助是软弱的表现。

通过对话,马科斯拉近了他与特伦斯以及奥斯卡的关系,也对自己有了新的了解。马科斯意识到,不示弱法则虽然适用于军旅生活,但未必适合身在职场的他。同事们希望马科斯可以敞开心扉,给大家分享他的经验,并主动向大家寻求帮助。他不必独自承担一切,也不必故作轻松地完成工作,这对马科斯来说其实是一种解脱。向同事寻求帮助既可以简化工作,又能提高效率,避免升级工作难度,实在是好处多多。此后,马科斯选择努力融入团队,他不仅体会到了集体协作的好处,还腾出了更多时间陪伴家人。通过向同事展现自己脆弱的一面,马斯科不仅拉近了和同事之间的距离,还学会了如何向难以合作的人敞开心扉,从而达成协作。

如何搭建更广泛的关系网

我们的职业发展路径并不局限于我们目前所从事的工作。同理，我们的人际关系网也不必局限于职场中的同事。对于从事非传统工作的群体，比如自由职业者、企业家、艺术家等来说，更是如此。人际关系网在我们的工作和生活中发挥着重要而积极的作用，它实际上是一张能够帮助你提高工作成就感和生活幸福感的支持网。这种支持并不是通过漫无目的地分发名片或社交网络达成的。这些关系的培养需要我们带有一定的目的性。这就需要你仔细想想，哪些人能帮你更好地展开工作，又有哪些人能提升你的生活质量？

说起维护同事关系，就不得不提到一类关键人物：导师。在职场中，导师就像帮我们解决各种问题的一剂良药。不确定未来的职业规划？和你的导师谈谈。觉得工作压力大？和你的导师谈谈。没时间陪家人？和你的导师谈谈。有研究证明，"导师制"对学员和导师都有积极的影响。它既可以帮助学员涨薪和提高工作满意度，也能让导师提升业绩和自我价值感。因此，许多公司都采用了导师制。但正规的导师制并不是公司草率地为新员工指派一名导师，以便让新员工尽快熟悉公司环境，而是包含了如何为新员工寻找合适的导师，如何成为一名合格的导师等更为丰富的内容。

我们经常抱有这样的想法：我们需要一位导师，只要我们能找到那个人，就能与之建立导师和学员的关系。这种想法存在一定的局限性，而且缩小了我们获得支持的范畴。我们总是习惯于依赖某个人，让他们帮助我们解决在工作中遇到的问题。比如，确定下一步行动、向客户介绍自己、帮助我们平衡工作和家庭等。显然，这种要求有些不切实际。即便这个人的确有能力帮我们解决问题，这种习惯也会给我们带来隐性风险。如果你完全依赖某一个人为你出谋划策，那么你依赖的其实是一种观点，而这种观点或许并不能帮你找到真正适合你的工作或生活状态。因此，不要只会向你的导师寻求帮助，打开你的思路，想想还有哪些人可以帮你更好地认识你的工作及生活，哪些人更适合给你提供支持。比如，以前的同事、大学同学、孩子朋友的父母，或者你在社交媒体上关注的那些你欣赏的职场达人。

这本书是我和艾丽莎共同写就的。2005年的时候，艾丽莎刚刚大学毕业，她非常喜欢我的作品，并通过电子邮件联系到了我。彼时的我既不是艾丽莎的领导，也不是她的同事，而只不过是她社交圈中一个关系较远的普通朋友。然而，正是艾丽莎这一向外延伸的动作，为我们在十多年后的学术合作打下了基础，我和艾丽莎都因此受益匪浅。

积极主动地向外建立延伸关系并不是唯利是图的自私行为。人们总是对那些利用人际关系达成目的的人非常不齿。而我们也习惯性地认为,导师制是一条单行道:导师付出,学员受益。但如果你能仔细想一想自己为导师所做的贡献,你们的师徒关系就变得更有意义了。比如,我这种已经在沃顿商学院工作了几十年的人和刚毕业不久的艾丽莎合作,既有助于丰富我的学术成果,又能提高艾丽莎的影响力,我们都可以从中获益。

过去六年,艾米·布伦纳的主要工作是照顾两个孩子——十三岁的贝瑟妮和八岁的康纳,艾米还经常到孩子们的学校做志愿者。随着孩子们逐渐长大,艾米开始和丈夫杰克讨论自己是否需要重返职场,以及什么时候回去比较合适。然而,这样的讨论总是断断续续、反反复复,艾米从未真正付诸行动。于是,我们让艾米找工作伙伴聊一聊,但她甚至不知道除了杰克,自己还能和谁说得上话。最终,艾米决定联系从前自己在 IT 行业工作时的同事朱莉娅。这些年来,她们偶尔也会小聚一下。艾米住在马里兰州的波多马克河附近,她乘火车到华盛顿与茱莉亚共进午餐。朱莉娅这些年来一直在努力工作,并得到了稳步的晋升。回想起和朱莉娅的谈话,艾米说:

聊得越多,我越觉得自己其实不想回大公司工作,整天坐在小隔间的电脑后面的生活对我毫无吸引力。我也不想做兼职或者自由职业者,我想尝试一些新的东西,也许是一些更有创造性的工作,比如自己创业。幸运的是,我的家庭不需要我赚很多钱,因此我可以冒一点险。我和朱莉娅交换了一些想法,她建议我可以先试一试，几个星期后我们再交谈。现在，我干劲十足，颇有种要做家庭作业的感觉，而且朱莉娅也表示对我的一些想法很感兴趣，所以我们或许可以合作。

在与茱莉娅聊过之后，艾米更加清楚地意识到了自己接下来想做什么、不想做什么。现在她满怀热情，期待着未来的无限可能。艾米并不觉得自己浪费了朱莉娅的时间，朱莉娅积极地全力参与，给了她支持和信心。现在每个星期，艾米都会在孩子们去学校后，花几个小时考虑自己那些还未成型的构想。艾米不仅充满了干劲，还获得了很多幸福感——在带孩子的同时，艾米还能有思考自己未来的时间。这种状态让她相当满意，也让她能够以更为乐观的心态处理家庭琐事。

与全职太太艾米不同，萨布拉·卡比尔为了支持丈夫创业，从以色列搬到了康涅狄格州，并在保险行业从事自由咨询工作。这份工作既能为她带来收入，又能让她保持敏锐的头脑，同时还能让她有余力照顾家庭。大多数时候，她甚至还有时间游泳。但现在，萨布拉正在考虑不再与一位客户对接——她的老客户尤里·哈莱维亚，一位以色列政府机构的高级管理人员。萨布拉觉得尤里的要求总是变来变去，而且这些合同往往超出了她的专业范畴。但如果没有这些合同，萨布拉又觉得自己好像丢掉了工作，失去了部分经济来源。因此，萨布拉没有马上拒绝尤里的工作，而是决定和尤里谈谈，看看能否调整工作要求，找到新的合作方式。萨布拉说：

我告诉了尤里我经常拒绝为他提供咨询服务的原因,他感觉自己有点被冒犯了,表示如果合同内容超出了我的专业范畴,那是我的问题,我应该提升自己的业务能力,并更改合同条款。尽管我不喜欢这样的指责,但我总算意识到原来自己有权协商合同条款。我一直认为自己只能"要么接受,要么放弃",就算事情没有按照我预期的方向发展,也必须压抑心中的不满,可原来并非如此。因此,我仍觉得和尤里的这次谈话并非毫无收获……我想,即便我真的选择退出,尤里也并不在乎,但我还是想看看接下来会发生什么,这值得一试。

萨布拉·卡比尔和艾米·布伦纳都选择了努力走出自己的舒适区寻求支持。而你和她们一样,也拥有为自己争取的自由。精心规划自己的职业并建立能为你提供支持的人际关系,可以为你的生活打开一扇大门,你可以有更多的时间陪伴子女和伴侣,更好地参与家庭生活,并获得满足感。

练习十四:和同事及职场中的其他人聊一聊

不妨花点时间想想,职场中的哪些人可以为你和你的家庭提供支持?列一张名单,至少写出六位候选人,同时写下他们为何对你来说很重要,以及你自己在哪些方面对他们来说也很重要。写下这些名字后,你是否会感到惊讶?为什么?

你可能会因为绩效评估而定期和领导以及员工产生联系，但那些在职场中和你关系较远的人，如果你不主动与他们建立信任、保持联系，并适时告诉对方你愿意为其提供帮助，那么你们的关系大概率就会停滞不前。你可以选择几个现在就能联络感情的人，向他们表达自己的感激之情，并告诉对方他们对你的重要性。千万别不好意思，即便你只是客套一下，对方也会因此感到很开心，对你的好感度也会有所提升。

除此之外，你们其实还有很多可以聊的。你可以告诉对方，你觉得他们需要得到你哪方面的支持。然后像往常一样，询问对方你是否遗漏了什么信息，并礼貌地追问细节。就像和领导或员工聊天一样，你需要做充分的前期准备，才能通过谈话了解对方的想法。之后，你可以结合自己的个人目标，思考你们是否存在共同目标。你可以用 1～10 分给你们可能满足彼此需求的程度打分，然后想想你该怎么做才能让事情朝着更好的方向发展。

对话结束后，尽快写下你的感受或用手机录下你的语音。被记录的内容可以包括：你从这次的对话中学

> 到了什么？如何加强自己和这位同事的联系？你为这次谈话做了哪些准备？你有什么能让这样的交流更加有趣且富有成效的办法？

其实你有很多改善生活的机会。比如，更好地照顾子女，或者其他重要的事，而这些通过维护职场人际关系都可以实现。但大多数人通常不会这样想，因为大家默认工作和生活是难以平衡的，只能顾此失彼。我们希望在本章中列举的对话实例能够引发大家的思考，为大家提升自己和家人的幸福感找到有效途径。

Parents Who LEAD

第六章
你和亲朋邻里

长跑比赛

Parents Who

非洲有一句谚语："养育一个孩子需要全村的力量。"这句谚语流传甚广，但很少有人能真正意识到其实自己也是"这个村庄"的一员。在生活中，我们与亲朋邻里的联系往往非常少，而当遇到大事的时候，也难以找到可以商量的朋友。职场父母既要抚养孩子，又要兼顾工作，而高品质的幼托服务、灵活的工作安排和情感支持等，其实都离不开外界的协助。

杰克·布伦纳在土地管理局担任技术总监，虽然他的工作一帆风顺，但这都是因为他的妻子艾米这几年一直在做全职妈妈，承担了大部分家庭琐事。而现在，艾米正为如何重返职场而发愁。艾米和杰克有两个孩子，分别是十三岁的贝瑟妮和八岁的康纳，夫妇二人和孩子的朋友们的父母保持着良好的关系，有时在学校碰到，他们也会愉快地交谈。家长们轮流组织出游活动，甚至会到对方家里过夜。直到艾米和杰克参加了我们的研讨会，他们才发现，原来自己并没有为加强这些关系而努力。事实上，孩子出生以后，他们就没有再考虑过交朋友的问题，更不用说同其他父母发展更深层次的友谊了。艾米和杰克都性格内向，对他们来说，主动和他人交往并不是一件容易的事。因此，我们强烈建议他们要主动尝试和身边的朋友加强联系。最近，他们邀请了另一个家庭共进晚餐。对此，杰克描述道：

我们协调了很久的时间，终于能和凯登、贤，以及他们的两个孩子共进晚餐。席间，我们聊到了该如何应对生活中的各种责任，原来他们也面临着和我们类似的问题。贤和艾米的情况很相似，她也做了几年全职妈妈，最近才回到工作岗位上。

有一次，贤没有时间接孩子放学，而凯登又在出差，于是艾米就去帮他们把孩子接了回来，他们非常感激我们帮了大忙。我们都认为应该多让孩子们一起玩，这样不仅孩子们开心，我们也可以形成一个家长互助小组。因此，我们打算把这段友谊继续下去。

这次谈话后，杰克和艾米对两个家庭之间的关系有了新的看法。艾米并没有觉得帮忙接送孩子有什么大不了的，但这对凯登和贤来说意义非凡。在了解到这一点后，趁着和谐的晚餐氛围，杰克和艾米想要帮助凯登和贤的心情更加迫切了；如果下次他们遇到麻烦，也会鼓起勇气向凯登一家寻求帮助。现在，艾米和杰克非常期待再次和凯登一家共进晚餐，一起发泄、谈笑、制订计划。

为了提高生活质量，父母必须学着多与子女以及同事交流，也必须有意识地加强、拓宽自己的社会关系。本章将介绍亲朋邻里间的人际关系的重要性。加强联络可以帮你找到更多富有创造性的、解决实际问题的方法，让生活朝着你所希望的方向发展。无论是在情感方面还是家庭关系，甚至在教育方面，亲戚、朋友、邻居都能为我们提供强有力的支持。

对于职场父母而言，朋友、托儿所的工作人员、老师、邻居，以及社会团体中的成员都非常关键，但这些关系的价值常常被我们忽略了。

寻找支持者

我(斯图)的一个孩子在青春期患上了严重的精神疾病,全家人都因此被搞得人仰马翻。那时候,如果没有朋友、邻居、学校老师、教会、心理咨询师,以及同事们给予我们的安慰和帮助,我们家根本无法应付那天翻地覆的生活。

小到一盒感冒药,大到整体生活幸福感的提高——良好的社会关系总能让我们从中受益。在一项具有里程碑意义的研究中,研究人员跟踪调查了724名青少年,研究的时间跨度从20世纪30年代到今天。最终他们发现,亲密的社交关系是保持身心健康和提高认知敏锐度的重要因素之一,甚至有利于延长寿命。

友谊让我们建立信任,获得认可和支持,而这些从人际关系中获得的支持和动力也被我们称为"社会资本"[1]。尽管这个词听起来有些自私,但我们都明白,朋友们在落难时伸出的援助之手有多么重要。而帮助他人,同样也会让我们感到幸福。

---

[1] 指个体或团体之间的关联——社会网络、互惠性规范和由此产生的信任,是人们在社会结构中所处的位置给他们带来的资源。

大量研究证明，社会资本在就医、求学，以及择业等我们生活的各个方面都发挥着重要作用。比起朋友的数量，友谊的质量更为重要。在我们成年以后，哪怕只有三五知己好友，同样可以提升我们生活的幸福感。当我们为人父母后，尤其是当孩子还小的时候，我们总是很难抽出时间陪伴朋友们，也因此和他们渐行渐远。据一份2015年的皮尤研究中心报告显示，在接受访问的父母中，至少有一半都很少甚至从未向朋友寻求过育儿帮助。随着我们将生活的重心转移到孩子身上，我们对友情的投入逐渐减少。这时，我们就失去了能够为我们的生活提供支持的后援。

来自明尼阿波利斯的詹妮弗·托德是小学二年级的老师。她离婚了，有一个二十二岁的儿子扎克和一个十五岁的女儿布里安娜。不同于许多生了孩子后就和朋友逐渐生疏的父母，在詹妮弗的生活中，有一群同为母亲的朋友支撑着她。当她意识到她的前夫将无法履行与她共同养育子女的责任后，这样的友情就更显得弥足珍贵。这些母亲来自不同的家庭，有着不同的职业背景，她们都是詹妮弗孩子们的同学的母亲。共同的目标将她们凝聚在一起，让她们可以在养育子女的过程中互相帮助，在生活的漩涡中彼此扶持。詹妮弗认为，在自己独立抚养孩子的过程中，这些母亲才是她的"育儿伴侣"。每当她遇到麻烦、困难，或是心情郁闷的时候，都可以向这些伙伴倾诉。如今，尽管她们的孩子都已经慢慢长大，但这份友谊早已融入了她的生活，也成了孩子们生活的一部分。詹妮弗告诉我们，布里安娜最近在向这些母亲了解她们的职业道路，因为她正在考虑自己该选什么专业。

我们无法选择自己的父母和兄弟姐妹，但我们可以选择自己的朋友。我们能从朋友身上发现自己所珍视的特质，而这些正是家人所缺少的。比如，你们拥有相同的兴趣，都热爱爵士、远足，或者你们都深耕于政治领域。或许你们彼此的文化背景和宗教信仰不同，你们的观点会碰撞出火花。尽管友情也不可避免地会受到形成于童年时期的思维模式的影响，但比起和家人的交流，我们与朋友之间的交流可能更随性一些。此外，我们还可以同时拥有很多朋友。在生活中，我们的伴侣承担着很多角色：爱人、挚友、共同抚养孩子的伙伴，甚至是分摊账单的人。但由于朋友们不必背负这么大的压力，所以他们对我们的看法往往更加公正，因而能更好地为我们出谋划策。

值得一提的是，我们最亲密的朋友往往同时是我们的同事，因为大部分全职员工至少有一半的时间都花在了工作上。毋庸置疑，在职场中保持良好的友谊可以提高我们的工作参与度，同时提升我们工作和生活的幸福感。然而，工作中的友谊也会遇到各种复杂的情况。在职场中，一旦朋友和同事之间的界限变得模糊，我们就可能为之分神：公私不分，缺乏边界感，与其他同事的关系受到影响等。因此，对于是否要和同事做朋友，我们要深思熟虑，谨慎对待。

而无关职场的友谊就会轻松很多。很多人认为自己没有交朋友的时间，因而忽略了发展友情的契机。可以好好想一想你想和哪种人成为朋友，以及你会对哪种人敬而远之；想想那些你虽然花时间待在一起，但并不是很了解的人，比如你的邻居或者孩子朋友的父母；想一想那些你从未见过的人，比如朋友的朋友，可能他们的孩子就和你的孩子差不多大。

鉴于和凯登一家共进晚餐非常令人愉快，杰克决定邀请儿子好友的父亲米奇喝咖啡。杰克坦言：

> 虽然艾米经常和孩子同学的妈妈们出行，但我仍然觉得邀请孩子同学的爸爸喝咖啡有些奇怪。艾米和米奇的妻子是朋友，她们经常互相发短信、安排约会或拼车。平时我比较依赖艾米，虽然我之前甚至连米奇的电话都没有，但我还是给他发了短信。那是我们第一次在没有带孩子的情况下见面。因为我们的孩子同属于一支队伍，我们聊了很多关于童子军的事。其间，我们坦诚地告诉对方，其实自己并不想参与太多活动，但同时，我们也达成了共识：如果有活动，我们要一起策划。比如，米奇喜欢钓鱼，所以我们商量可以先策划一次钓鱼活动。我在谈话中了解到，原来米奇所在的行业正是我希望在获得工商管理硕士文凭后进入的。米奇则表示，待我需要时，他可以帮忙联系业内人士。我非常高兴能交到米奇这个朋友。

杰克起初认为，自己和米奇最多只能在妻子安排的聚会上知会两句，但现在他意识到了主动结交朋友的重要性。交友让他的生活变得更加充实了。现在请你换个思路，反思一下自己原有的想法，尝试和那些被你忽略的人建立联系。

> **练习十五：甄别朋友**
>
> 写下一些名字，如有必要，可以对他们进行分类。例如：孩子朋友的父母、失去联系多年的朋友、你想深入了解的人、你认为是朋友的同事，等等。你可以从这个名单中找出你想加强联系的人，以及你认为和哪些人交往能给你的生活增添意义和乐趣。在思考这个话题时，你可以和伴侣一起讨论下面这些问题。
>
> 1. 你希望和这个人成为什么样的朋友？
>
> 2. 你可以在哪些方面改善这个人的生活？
>
> 3. 过去，是什么阻碍了你发展这段友谊？
>
> 4. 你有什么维持这段关系的方法？

加强与保育员和教师的沟通

我们不得不承认,有些孩子和保育员待在一起的时间其实和跟父母待在一起的时间不相上下,甚至更多。但你也不必为此感到愧疚。研究表明,虽然全职母亲有诸多好处,但从长远来看,由父母陪伴长大的孩子和接受保育服务的孩子在认知或情感上并无显著差异。

在孩子成长的过程中,保姆、保育员、日托老师和学校教师均扮演着重要角色。而对于大多数读者来说,帮助孩子成长的"全村"也不再局限于一个大家庭、一个社区,或者身边的朋友。实际上,保育员虽然不是亲人,但同样能帮我们提高生活质量。儿童保育服务的质量越高,孩子的成绩越好,在青春期出现行为问题的可能性就越低。互相信任是父母和保育员建立交流的基础。只有这样,双方才能就孩子的需求达成共识。

金融分析师埃迪·麦克唐纳和高级公关经理丽莎·戴维斯住在丹佛,他们平时的工作十分繁忙。除本职工作外,丽莎还是个兼职摄影师。她平时会在网上出售自己的作品,并参加各地的艺术展。他们有三个孩子,年龄分别是九岁、十一岁和十二岁。在育儿上,他们非常依赖负责照顾他们三个孩子的保姆玛雅。在研讨会的一次练习中,埃迪夫妇和玛雅展开了谈话。

那时玛雅才工作三个星期,他们还处于相互了解的阶段。丽莎说:

玛雅说她觉得我们不喜欢她,这让我很惊讶。她说,因为我们都不怎么和她讲话。我们利用这次机会向她解释,其实是因为我们夫妻性格内向,平时话就很少。我们告诉玛雅,其实我们非常喜欢她,而且认为她做得很好。如果没有这次谈话,玛雅还以为我们在生她的气,其实完全没有。

埃迪补充道,这次谈话也让他们有机会和玛雅谈谈自己对孩子们的饮食的要求。"我们告诉玛雅,希望她能在孩子们的饭菜中加入水果、蔬菜和蛋白质。"埃迪说,"玛雅自己做了很多功课,她也很看重健康饮食,还告诉了我们她自己的想法。这让我们更加相信,我们的目标是一致的。"

丽莎和埃迪发现,原来短短几个星期也可能造成误会,而通过及时谈话,就可以让问题迎刃而解。他们参加了我们的研讨会,在思考、写作和讨论后,才充分意识到原来玛雅对身为职场父母的他们来说如此重要。如今他们和玛雅的关系越来越好,而且对玛雅能够把他们的价值观灌输给孩子深信不疑。他们的育儿压力大为减轻,可以更专注于自己的工作了。

可以为你提供帮助的不仅有住家保姆,你还可以花些时间与老师、临时保姆、体育教练和舞蹈老师等开展深入交流,以便达成共识,从而获得更多支持。在满足孩子们需要的同时,你也可以更加专注于自己的工作。不过，最好不要指望一次谈话就可以解决所有问题，这是一项需要持之以恒的行动。

前些日子，我（艾丽莎）为了和我儿子参加的戏剧夏令营的负责人通话，不得不暂停一个重要的写作项目。开营才第一天，我儿子就过得不太顺利。我期望孩子可以在夏令营中有所收获，于是不得不和负责人就如何帮助孩子度过夏令营生活展开讨论。我们并不只是想着该如何在第二天之前解决这个问题，我们的目标是为孩子提供帮助和支持。在了解到这一点后，我对问题的处理有了信心，因此便放心地恢复了写作工作。

谈话的过程其实是互助式的：我们和代课教师分享了自己的想法，教师会因此感觉自己和家长之间的距离拉近了，自己工作的价值也得到了肯定；让代课教师了解我们的想法，感受到家长对其工作的认可和支持，有利于他们更好地开展工作。在有关孩子的各项活动中，参与度越高的父母，其孩子越自律，内驱力越强，心理也更健康，而这无疑更有利于代课教师开展工作。

不过，这并不意味着你事事都需要干预，也不必非要参与孩子的每一次社会实践或非加入家委会不可。事实上，过度参与会衍生过度需求，你和孩子都将因此不堪重负。同时，家长对孩子的每一个需求、愿望和情绪的过分关注，都会大大增加教师或者保育员的工作量。我们需要思考的是，应当如何与孩子的照护者及时互动，而不要只是在出现问题或者开家长会时才和他们聊上几句。

> **练习十六：认可保育员和教师的工作**
>
> 请你就那些与你共同育儿的人，比如老师、保姆、保育员、教练、学校顾问、家庭教师等共同思考以下的问题，然后和伴侣进行讨论。请你提前做好笔记，以供谈话时参考。
>
> 1. 你的孩子或家庭有哪些特殊需求是保育员或老师应该提前知晓的？
>
> 2. 如何在尊重对方的基础上谈论敏感话题？
>
> 3. 哪些人际关系对你的家庭和谐以及孩子的幸福最为重要？
>
> 4. 你希望他们如何向孩子灌输你的价值观？

比扬·纳扎里在一家国际非营利组织担任财务总监，同时他也是一位单身父亲，有一个九岁的女儿埃丝特。在参加我们的研讨班后，比扬发现自己其实根本不了解女儿的校园生活。当他问起埃丝特在学校的情况时，只得到了笼统的回答。由于家长会还有几个月才开，所以我们让比扬先和埃丝特的老师布鲁姆先生通一次电话。比扬说：

我们聊了半个小时，布鲁姆先生谈到了他对班级的设想，表示希望我能更多地参与埃丝特的校园生活，并建议我可以到课堂上分享一个故事。在课堂上，我和学生们谈起近期去尼日利亚出差的经历，刚好呼应了课本上一个介绍世界文化的单元。我给孩子们读了一本尼日利亚的儿童读物，这本书也是我带给埃丝特的礼物。我向他们描述这个国家的历史、国民、食物、重要的文化思想，以及我在那里的工作。全班同学都非常喜欢我的故事，我女儿也一样。

融入社会活动组织

父母的价值观可以通过身边的人传递给孩子。经过多年积累，我们已经搭建起了自己的社交网络。这个网络里包括我们的朋友、邻居、老师等。我们不妨仔细想一想，该如何加强、拓宽和深化这些关系。

许多人容易忽略要去扩大社交网络。请你想一想，身边是否有这样一群人，他们不但与你拥有相似的价值观，也关心你的家庭状况？比如读书小组、艺术社团或体育联盟等组织都会经常性地举办各种社交活动，并同时提供托儿服务或为会员提供教育服务项目。有的团体平时还会提供教育、社会、情感、后勤等方面的资源，这些都能为你省去不少麻烦。

最近，为了攻读全日制工商管理学硕士，前海豹突击队队员肯·哈伯德和妻子阿什利搬到了蒙特利尔。阿什利一边兼职工作，一边照顾一岁的女儿艾娃。肯和阿什利每个星期天都要参加弥撒，我们向肯了解了他在教会的情况。他说：

我们都是天主教徒，我们把教堂看作与上帝交流的地方，但我和妻子都曾因为参与教会活动不够多而受到指责，比如缺席《圣经》学习活动或没有加入委员会。搬到蒙特利尔后，我们更忙了，我要读书，阿什利要找工作，家里还有一个年幼的孩子需要照顾。因此，我们往往在参加了星期天的弥撒后就走了。

尽管肯和阿什利在精神上感到非常满足，但他们仍发现身处蒙特利尔的自己有些与世隔绝——毕竟家人和朋友现在都离他们太远了。尽管有过不太愉快的回忆，但肯还是决定和他们的牧师乔伊神父谈谈，看看该如何更好地融入教会。经过这次谈话，肯说：

我没想到乔伊神父居然这么宽容，他非常支持我们，简直比我在弗吉尼亚海滩遇到的牧师还好。虽然他建议我们尽可能多地参与教会活动，但认为我们不宜过度劳累。他还鼓励我们下一次可以参加由教会组织的家庭活动。他说："做对自己有益的事。除此之外，任何事情都不是必须要做的。"他的劝导让我倍感欣慰，我也非常高兴能够和工商管理硕士课程同学之外的人交朋友。

过去的经历让肯和阿什利先入为主，对教会的人有了偏见。当偏见被打破，加入新教会对他们而言也就意味着新的可能。在和乔伊神父交谈后，肯和阿什利意识到，教会不但是他们精神力量的源泉，也可以是为他们提供实际帮助的集体。

对于另一些人来说，加入文化遗产保护团体或者志愿者组织也和加入宗教团体有着同样的效果。只要这个组织的发展目标和你的价值观契合，那么不论是公益打扫还是帮扶难民，都是可以的。但要找到这样的组织，可能需要我们做一些调研，而且也需要试错。比如，我（艾丽莎）想多认识一些邻居，想融入我所在的社区，因此选择了加入业主协会。但我逐渐发现，大家总是因为什么时候、在什么地方可以放开牵狗绳而争论不休，这给我的生活增加了麻烦。由此可见，加入某一个团体并不代表事情一定会朝着我们所希望的方向发展。

对成年人来说，主动参与公益事业有益于身心健康，对于那些被周围人排斥的人来说更是如此。而对于青少年来说，参与公益活动能够帮助他们提升能力，减少冒险行为，助力未来成长。在他们成年后，很可能会选择继续参与公益活动，因为助人的同时，他们也在助己。

尽管很多职场父母声称自己没有时间参与社区活动，但其实这的确是拓展人际关系最好的途径之一。和我们共事的父母参加过各种各样的社区活动，比如社区改善协会、教堂旧物义卖、流浪猫救援队、辅导移民儿童作业等。他们发现这些活动不但可以丰富自己的生活，而且似乎延长了自己的业余时间。

请你不要把社区活动想象得过于耗时耗力，而要把它们想象成对你有益的事情，并思考这些活动可以给你的家庭、工作，以及你自己带来多少好处。通过参与社区活动，你的价值观得以实现，你也可以从中获得更大的满足感，迎来更为和谐安宁的生活。

练习十七：选择适合的社会活动

请你再看一看你在第二章中写下的自己的价值观和愿景，想一想该如何通过你的社交关系网将它们实现，以及哪些类型的组织可能帮助你？如果你在价值观清单中写了"因为孩子有中国血统而感到骄傲"，那么你不妨成立一个华人邻居互助会。但有时，为了实现特定的价值观或目标，你可能需思忖再三才能确定组织形式。比如，如果你写了"帮助需要帮助的人"，那么哪些组织可能会为你提供你所期望的帮助？家暴受害者保护会、爱心食物义卖会、本地医院，或者其他？

你可能需要进一步了解（关于你们共同想要帮助的人）、进行一些研究（关于你们所在地区的其他组织）和开展一些创造性活动（关于如何适应这样的活动）才能做出选择。此外，你也可以在网上查阅资料，和你的另一半讨论你们希望加入什么样的团体。你需要做好随时调整的准备，毕竟这只是尝试，并不意味着要坚持到底。

1. 在你考虑过的所有组织中，哪一个与你未来的生活最为匹配?优先考虑你希望在团体中加深的两到四段人际关系。

2.这些关系最好由谁来维护?是夫妻中的一方、双方,还是整个家庭?

改善与亲属的关系

格蕾丝·杨和李·杨的儿子亚当几乎全靠格蕾丝的父母照顾,这让他们喜忧参半。对于李来说,太过依赖岳父母会造成很多麻烦,而且他也不愿意和岳父母谈论他们的共同需求。同时,李和岳父的关系一直比较紧张。在我们的建议下,李还是尝试与岳父进行沟通。他说:

我终于知道我岳父为什么会变成现在这个样子了。原来在他很小的时候,他的父亲就去世了,作为长子,他不得不承担起家庭的重任。这一切造就了他的性格:甘于为他人付出,希望成为家庭的支柱。但他很挑剔,而且甚少赞美他人。

从前他每次批评我的时候,我都很抵触,甚至非常生气;但在了解了他的过往后,我开始理解岳父的行为。上周末在我修好水龙头后,他表扬了我,同时也指出了一些问题。但这一次我没有在心里反问:"你为什么这么吹毛求疵?"因为我知道他就是这样的性格。我对他的表扬非常感激,因此我只是听着他提意见,并对他提出的问题表示认可。虽然很多时候,岳父的意见对我来说毫无意义,但我有时也能从中有所收获。

尽管这次谈话并没有改变李的岳父，但它加深了李对岳父的理解。

我不再一味地认为"他应该管好自己的事"或者"他应该让我照顾孩子"，任何生活模式都有两面性，我已经接受了他就是这样的人。于是，我试图不带任何感情地回应他的话语。我非常感激岳父对家里的付出，但我也明确地告诉他，我需要一定的私人空间。

李开始反思自己与岳父的关系，并选择让步。此后，他变得越来越有同理心，内心也日趋平静。

相比之下，格蕾丝的处境就十分尴尬了。此前，她既要努力维持父亲和丈夫之间的和谐关系，又要避免亚当被波及。在和父亲谈话之前，格蕾丝说："我一直担心父母的身体，他们在亚当出生以后就没有了自己的生活，实在是太辛苦了。我一直以为父亲会批评我忙于工作，指责李遇事消极，甚至对我们的教育方式心怀不满。"随后，格蕾丝和她的父亲进行了一次谈话。她说：

爸爸再三告诉我，我达到了他的期望，而且他只有两个愿望：第一，他能有更多时间和我相处，因为他想了解我内心的想法；第二，希望我能允许他与我、与我哥哥都保持密切的联系。在得知他对我们现在的关系很满意时，我终于松了口气。

我们还约定，即便他不认同我的想法，我们也不要往心里去。我们在谈话后加深了对彼此的理解。

在我与李分别和爸爸聊过之后，我们家的氛围终于得以改善。现在我放心多了，不必总是担心李和爸爸会闹矛盾。同时，这几次谈话也极大地改善了我和爸爸、丈夫还有儿子的关系，让我能更加安心、专注地工作。同事说，连他们都注意到了我的变化。

有了孩子以后，我们与亲戚的关系变得更加复杂。对于职场父母来说，亲戚其实可以帮我们分担一部分育儿工作，是我们生活中不可或缺的一部分。然而，当我们的父母变成孩子们的祖父母，我们的兄弟姐妹变成孩子们的叔叔阿姨后，原本温暖、稳定的家庭关系往往就会被打破。我们以前和另一半的家人其实并不会经常见面，但这种情况往往会在有了下一代之后悄然改变。对于育儿这件事，大家庭中的每个人都有自己的看法。当祖父母和外祖父母对孙辈呕心沥血，却同时意识到自己无法掌控一切的时候，是否继续坚持对他们来说就变成了一个极为艰难的决定——诚然，孩子的降生确实为他们带来了幸福和喜悦，也让他们见证了生命的轮回。

而我们与兄弟姐妹的关系也常常是爱与压力的混合体。事实证明，手足关系和夫妻关系以及亲子关系一样，会在很大程度上影响我们的幸福体验。在生活中，手足关系并不是一成不变的，我们与兄弟姐妹的联系往往在晚年时最为紧密。面对年迈或生病的父母,兄弟姐妹的重要性就凸显出来了。

马科斯·洛佩兹的父母只有在遇到麻烦和需要经济支援时才会联系他们,而马科斯和艾玛每次都会尽最大的努力帮忙。然而,这既影响了他们照顾孩子,又耽误了他们的工作,让他们十分烦恼。他们在我们的研讨班接触了以下练习。

练习十八:如何与重要亲属沟通

请你在和伴侣交谈之前,先想一想自己的亲属中是否有能帮你分担育儿工作的人,比如父母、兄弟、姐妹、堂兄弟姐妹或姻亲等,他们会如何帮你解决家庭问题?你们是否可以实现互帮互助?

请你选择一些你希望加强的关系,但不要勉强。名单不必很长,名单中的人和你的关系或许有远有近,他们可能来自不同的地区、文化和社会背景,或许你和长辈交流的方式与你和兄弟姐妹的有所不同,这些都是需要你仔细思考的问题。请你仔细思考加强联系能够给对方的生活带来怎样的好处,并针对特定的人和特定的关系,提前准备谈话内容。

请你和伴侣讨论一下你们可以做些什么来加强这些关系,并同时思考以下几个问题。

> 1. 如果能放下旧怨，你们希望和某个亲属发展怎样的关系？
>
> 2. 想象一下对方是如何看待和你们的关系的，以及你认为他们最在乎什么？他们会希望如何发展你们的关系？
>
> 3. 你准备如何改变与对方交往的方式？你会怎么做？你的另一半呢？你们的家庭呢？
>
> 4. 怎样才能让这种关系帮助你满足你对家庭的未来的设想？
>
> 5. 考虑到这位亲属的个性和喜好，你们能否找到一种简单、有趣、引人入胜的方式开启这场谈话？
>
> 6. 你是打算和另一半一起谈，还是单独和对方谈呢？

马科斯和妻子在做这个练习时突然意识到，原来他们在无意中疏远了马科斯家里的其他人，特别是他的妹妹菲奥。他们通常只有在父母遇到麻烦时才会和菲奥聊天。其实菲奥和她的丈夫杰克就住在距离他们不到一个小时车程的地方，而且他们的孩子和菲奥家的孩子也差不多大。艾玛和马科斯希望除了共同解决有关父母的问题，他们和菲奥一家的关系还能有进一步的发展。于是他们安排了一次家庭聚餐。孩子们在楼下玩耍，两对夫妻一边吃甜点，一边聊天。他们最后得出结论：其实他们可以共创一个大家庭，而不是让父母成为他们唯一的互动理由。在回顾这次的谈话时，马科斯表示：

我才知道菲奥这么看重我，甚至让自己的孩子以我为榜样，让我教他们的孩子家庭、爱、信任和快乐的重要性。而我们的孩子也受到了感染。

我们还聊到了家庭回忆和家族传统。我们发现，在我和菲奥给孩子们分享家人的照片和故事、延续从前的家庭传统时，我们也创造了新的回忆。后来，我们共同策划了感恩节庆祝活动。我和艾玛希望孩子们能感受到家的温暖，因此我们都很喜欢这个主意。

马科斯和艾玛在与菲奥和杰克的谈话中，意识到他们之间的关系其实不是一成不变的——他们大可以携手向前，建立新的家庭关系和家族传统。他们达成共识：下次再遇到父母的问题时要共同面对。这个共识对双方来说无疑是一种"缓冲"——既能减轻双方来自父母的压力，又能让马科斯和艾玛抽出更多时间照顾孩子、专心工作。

如果我们能和亲戚们保持良好的关系，孩子们将收获更多的爱，而我们也将获得更多的支持。然而我们总是容易陷入过往的各种琐事，导致与亲戚的关系停滞不前。但如果我们能有意识地思考如何共创大家庭，就有可能摆脱过去的阴影，收获新的幸福和快乐。

练习十九：和会给你支持的人谈一谈

不论是你的朋友、邻居、亲属，还是保育员、教师，他们都是你人际网络的重要组成部分。思考一下，你想在短期内加强和谁的关系？无论是靠自己的力量还是借助伴侣和孩子的帮助，这都值得一试。不过，同时发展所有关系是不可行的。因此，请你优先选择那些最有可能为你的家庭、事业和生活提供支持的人。

请你根据在上一部分练习中写下的答案制订一个简单的计划，明确你该如何与某个亲属加强联系。你的目标是找到你们共同的价值观，从而寻求相互支持的机会，以及发现彼此共同看重的人或事。谈话会有助于增进感情、加深理解。你们之间的信任也会随之加强，你们会一起关注未来，而不是过去。

接下来，你可以和这些人面对面地好好谈谈。仅靠发短信和表情符号是行不通的。你必须向对方传达，你已经做好和他加强联系的准备，而面对面（或视频）沟通的效果显然更好。在交谈的时候，你要尽量表现得

> 谦逊有礼，并真诚地询问他们看待事物的方式。你要让对方意识到你们之间的关系的重要性，并就如何巩固这种关系达成共识，而不是一上来就向对方提要求。
>
> 多经历几次这样的谈话后，你和伴侣可能就会总结出一些经验，也会有一些新的想法。这些反思有助于你们接下来和亲属的交往，并让你们达成共赢。
>
> 和之前一样，尽快写下你从谈话中学到的东西，把握最重要的信息。现在的你是如何看待和亲属之间的关系的？你又如何看待自己？你有什么新的见解或想法可以提升生活的幸福感？

希望通过本章中的写作和对话练习，你能够为自己打造更为广阔的人际关系网络，并使之为自己和家人提供支持。现在，真正有趣的部分来了：通过实验创造积极的改变。我们的目标是提高你的生活质量，打造可持续的生活方式，并帮助你全面践行自己的价值观。

Parents Who *LEAD*

第三部分

03
尝试改变

Parents Who

第七章
寻找新方法

Parents Who LEAD

我们必须做出改变，并一再尝试，这是领导者工作的本质。如果到目前为止，你一直在做本书所建议的练习，比如阐明价值观和愿景，与生命中重要的人交谈，重新思考未来，那么你可能已经注意到自己的行动没有按照重要事项优先的顺序来安排。而现在，你已经做好了改变的准备：尝试以新的方式满足你所看重的人的需求，为他们和你自己创造幸福的生活，并把他们团结在你身边，带领他们走向更美好的未来。

瑞恩·德特默和莉亚·德特默住在迈阿密，他们共有四个孩子。他们发现自己在养育子女的过程中，非常容易互相指责。但他们同时发现，当他们不再回顾过去而是向前看时，更容易达成共识。于是他们开动脑筋，想看看有什么办法可以让他们一家人和谐相处。在他们的价值观中，做事要负责、做出承诺就要兑现这样的品质非常重要，因此他们准备设计一份家务表。一方面，可以教孩子们学着承担部分家庭责任；另一方面，也可以减轻他们的家务负担。家务活总是占用了夫妇俩大量的时间，莉亚还要做兼职工作，并且承担了大部分照顾孩子的任务。如果孩子们能够分担一部分家务，他们就可以有更多的时间交流，也可以获得充足的睡眠。瑞恩和莉亚都认为，制订家务表能让家庭中的每一个人受益。莉亚说：

我不得不二选一，要么趁孩子上学时一个人把家务做好，要么等孩子睡着了，我们两个人一起做。让孩子们分担一些家务有很多潜在好处。比如，当孩子们上学的时候，我不会再因为自己必须承担所有家务而心怀怨恨，而是能更好地专注于工作。如果我们能在晚上打包午餐和准备衣服，那么孩子们第二天早晨上学的时候就不会过于手忙脚乱。这有助于减轻我们的压力，让我们能以更好的状态开始新的一天。同时，孩子们也能学会一些新的技能，并相信自己有能力帮助家人。

这看起来是个很棒的计划，但几周后，家务表的缺点便显露了出来：孩子们下午有活动，家务就被推到了晚上。孩子们不做家务不会受到惩罚，完成家务也不会得到奖励，于是一些老问题再度冒了出来：莉亚觉得自己总是在念叨孩子们，而瑞恩似乎也没有认真执行家务表。莉亚很沮丧，实验没能达到预期的效果。但他们并不认为这个实验彻底失败了,而是进行了分析,想出了一个更现实、更可行的每周家务表。虽然随着时间的推移,这张家务表仍需要不断地进行调整,但他们离找到改善生活的新方式又近了一步。当他们对这次尝试进行反思时,瑞恩说:"我希望能有一个条理清晰的解决方案,我想弄清楚我们究竟应该采取哪些不同的做法,然后再去执行。我费了很大的劲才从第一次失败中吸取教训。我的经验是,我们必须不断退后、评估和调整,这不是在完成一些事后说'好了,做完了'就可以的。其实没有哪件事是真正完成了的,但也不必对此过于在意。"

我们将在这一章中引导你进行实验,帮助你尝试领导你的生活。你将在这一章中利用自己到目前为止学到的所有知识,想出能为你的家庭、工作和其他方面带来好处的新方法,为你和你的家人、朋友创造更为美好的未来。

但打破熟悉的模式,以及对长期关系做出调整,容易让人望而却步。因此,我们建议你从小处着眼,降低变化的风险。即使会受到诸多现实因素的限制,你仍可以通过做出改变,让事情朝着更好的方向发展。我们的目标是创造持久的改变,这种改变不是昙花一现的,因为它不仅对你和伴侣有意义,对你的孩子、工作和社交也非常有意义,而且蕴含着无穷的乐趣。

像变革推动者一样思考

你即将进行的实验不仅是一项有计划的改变，一个可行的新事物，也是我们培养能力和建立自信的一小步。这个实验的目标是有效改善我们和家人、同事、亲朋邻里之间的关系，使其朝着积极的方向发展。接下来，我们将邀请你和伴侣提出一些切实可行的、可用于改变的举措，帮助你们成为自己生活的变革者。我们建议你们根据孩子的年龄找到合适的方法，让他们也参与实验，从而帮助他们自行学习，探索快乐生活的新方式。你将为他们示范我们所有人都需要的生活技能——取得控制权，而不只是对已经发生的事做出反应。

说到实验，你马上就会联想到科学家在实验室里拿着烧杯和试管忙碌的情景，我们的实验并非如此。不过你在为自己设计实验时，确实像一个科学家——你在自己的人生实验室里做实验。

实验始于求知欲，由一连串"如果……会怎么样？"的问题组成，实验可以帮助我们获取新的知识，解决重要问题。当你认真回想自己与育儿伴侣、子女，以及其他关键利益相关者的谈话时，你的好奇心也会被激发。也许你在与周围人交往时也质疑过自己的一些习惯，也许你已经注意到了自己的行动方向与你真正关心的目标相去甚远。很可能你已经有了一些改变的想法，而这些想法会让你在获得更好的结果的同时，提高你对生活的掌控感，让你感到平静。实验为我们提供了框架，让你可以发挥自己的想象力，满足自己的好奇心，帮助你探索如何更充实地生活，并更好地帮助那些依赖你的人。

但实验也会带来不确定性。你所展开的实验都是以你与人交谈所获得的信息为基础的，因此你无法预料结果。比起实验结果，真正重要的是过程。把艰难的尝试定义为实验，可以帮助你摆脱压力，但你不必强求非要把事情做好，而是要学会坦然面对一种可能：有些实验会带来很多不必要的麻烦。你可以这样告诉自己，实验唯一可能的失败就是没能吸取教训。

我们认识到，领导变革是一个终生的过程，而每一个具体的实验都有可能成功，也可能不成功。我们每次有意识地朝着愿景前进，都是在强化"我们愿意带着目的做事"这一信念。其实即便实验结果不如预期，也不代表我们失败了。因为意外能帮助我们增进知识，让我们不断学习。而且如果你的孩子已非幼儿，你还可以就此告诉他们质疑现状的好处，这不正是我们希望孩子具备的能力吗？

其实你无须为追求个人和家庭更大的满足感而彻底改变生活。我们见过很多野心勃勃的实验，从高管放弃职位创业，到家庭卖掉房子，花一年时间一起旅行。这些巨大的变化听起来确实让人心潮澎湃，但这也需要很多前提条件。只有当实验者自身动机明确，而且可以获得丰富的资源，并得到非常强大的社会支持时，实验才能取得良好的效果。但你其实并不需要颠覆自己的世界，也能做出有意义的、持久的改变。只要你目标明确，任何有意识、有计划的改变都能让你充满热情。就像科学知识是循序渐进的一样，你也可以在每次的实验里一点点取得进步。哪怕是在晚饭后和家人一起散步这样简单的小事，也能让你感受到小小的胜利。

实验始于假设。我之所以选择改变，是因为我认为可以达成我想要的结果。因此，定义你想要的实验结果至关重要。或许最后的结果与预期会有所不同，过程都需要你、你的孩子或伴侣的协同努力，以及明确你究竟想改变什么。总而言之，我们理想的实验效果是让你达成"四赢"，即在工作、家庭、社交和自我发展这四个方面均能有所改善。作为父母，我们所设计的实验对我们自己、伴侣、孩子，以及我们最关心的人都是有益的。

一个实验居然能在生活中的这么多领域对不同的人产生积极影响？也许你觉得难以置信，但我们已经习以为常了。现在你只需好好想想，做好准备即可。虽然你不可能提前知道某个实验究竟会带来怎样的影响，但充足的准备会让你更加清楚自己该怎么做才能获得"四赢"的结果。

蕾切尔·斯坦纳和乔希·斯坦纳都在医疗保健行业工作，并同时抚养三岁的塞缪尔和十个月大的伊桑。他们决定做个实验：每隔一周就找个晚上约会一次。"我们总听到人们说，夫妇俩需要找晚上的时间出去约会，保持浪漫，这样才能维系彼此的亲密关系。"蕾切尔说,"大多数晚上,我和乔希都在一起看电视。到了周末,我们就一起陪孩子,找时间约会总像个麻烦事,没什么必要。而且我们出去约会的话,还得找保姆帮着带孩子,免得孩子们不高兴。"

进一步思考后,蕾切尔和乔希表示更愿意和其他夫妻一起度过四人约会之夜。这样他们不仅可以抽时间陪伴对方,还可以拓展朋友圈。他们还有机会外出享受美食,而不必一直在家里吃更适合孩子们的饭菜。在提出这个想法时,蕾切尔和乔希并没有意识到,这样做除了能改善他们和另一对夫妻的关系外,还会影响他们生活的其他方面。蕾切尔和乔希花了两个月的时间来进行这个实验,然后汇报了结果。乔希说:"从开始实验到现在,一共有六个周六,我们选择了其中三个晚上,和其他夫妻或朋友一起出去。我们不仅可以过自己的生活,还可以向其他人汲取经验。通过这个实验,我们已经意识到,原来我们在养育幼儿这件并不轻松的事情上也并不孤单。"

四人约会之夜确实给家庭带来了"四赢":蕾切尔和乔希的关系不仅变得更加亲密,还在街区交到了可靠的朋友;他们的孩子也在保姆的陪伴下感到更自在,甚至觉得自己独立了,增强了对生活的掌控感。四人约会之夜为他们的生活增添了快乐,提高了他们自身的幸福感,帮助他们恢复了活力,让他们可以更好地应对各种工作需求。

追求家庭四赢

在二十多年来进行的成千上万次全面领导力实验中,大多数夫妇总能想出别出心裁的主意,并不断地带给我们惊喜。这些新鲜的主意离不开他们的孩子的帮助。我们喜欢列举我们见证过的变革实验,但请你不要局限于我们的这些实验。我们希望你把它们当成跳板,借机找出你自己的方法,去领导你自己的生活。

家庭四赢的一个基本特征是,虽然在实验中采用的行动方案只涉及生活的一两个领域,但可以为生活中的所有领域带来改善。例如,和配偶、孩子,甚至朋友和邻居一起实践新的锻炼计划,会让你在工作中更有活力,对待同事也更有耐心。你无须遵循僵化的模板,而是要根据你和家庭的具体情况量身定做。事实上,大多数成功的家庭的四赢方案都是把我们所提到的类型组合起来加以应用的。

创造亲密时光

虽然父母们会常常花时间与自己最重要的人在一起,但他们往往没有在这些时间里专注地陪伴对方。你可能会听到孩子要求你把手机收起来,全神贯注地陪着他,你的父母或者其他亲属、朋友也对你有过类似要求。在工作中，或许你总在回复邮件，一直没有时间处理最重要的项目。你也许认为，自己必须面面俱到，才能不出差错。但你关心的人却理解为，你和他们在一起时并不认真。发觉了这种情况后，许多父母便开始实验，建立专属的时间。他们会在此期间摒弃一切干扰，专注于和家人的亲密时光。**这个实验可以深度改变忙碌的父母的生活状态：他们忙得不可开交，总觉得时间不够用，而且在许多场合都三心二意。但他们不知道，其实只要专注于一件事，就能让人平静下来。**

父母能够专心投入亲密时光的一种方法就是控制自己对电子产品的使用。父母往往认为自己的孩子对电子产品上瘾，但当我们退后一步，冷静地思考，就会发现其实真正放不下电子产品的人是我们自己：我们无时无刻不在查看工作邮件、新闻报道或社交媒体。一些父母也选择了控制使用电子产品时长的实验，他们希望自己能够专注当下，身体要与亲人在一起，心灵上和思想上也要同步。

艾玛·洛佩兹和马科斯·洛佩兹要求全家人都不得在卧室使用电子产品，这大大增加了他们夫妻二人相处的时间，他们的睡眠质量也得到了极大的改善。深夜时分，隔离外界纷扰使得他们的压力减轻了。马斯克说："从前，我睡前看新闻生气、刷手机信息生气，就连和同事联系也会生气。手机对我们的健康毫无益处。"他们欣喜地发觉，在睡前减少电子产品的使用时间会让他们在早上更富活力——他们想用更好的心情迎接每一个清晨。

有些亲密时光实验可以让整个家庭都能更直接地参与。例如，莉亚·德特默和瑞恩·德特默决定，在周六这天把回复电子邮件和做家务的时间推迟，即刻开始家庭游戏之夜。为了弥补孩子们六岁的年龄差，他们决定玩抛豆袋游戏，让小一点的孩子站得近一些，让强壮一点的孩子站得远一点，让他们组成不同的队伍。回顾这次实验，瑞恩说："我们居然没怎么吵嘴，这简直不可思议。虽然游戏是否会达成让孩子们变得更有合作精神，还有待观察。但我认为如果我们能继续把周六的晚上作为家庭游戏时间，家庭成员之间会变得更亲密。"

瑞恩和莉亚还讲到了这个实验的连锁反应：周六和孩子们共度游戏之夜减少了他们平时埋头工作的负罪感。过去，莉亚就连工作日的晚上也不得不见缝插针地工作，她总是对此感到愧疚，甚至觉得自己更像孩子的司机，而不是父母。而瑞恩作为一家公司的总裁，要在周六暂停工作几个小时其实是相当困难的。但为了亲密时光，他渐渐习惯了指派一名副总裁随时待命，帮他处理紧急事务。瑞恩和莉亚还意识到，可以邀请邻居来他们的前院玩抛豆袋游戏，既然孩子们在大多数时候都能很好地合作和玩耍，那让其他人加入岂不是更热闹？

亲密时光不局限于和家人共度。拉维·贾恩是公司中负责运营的副总裁，也是十五岁的艾莎和十三岁的里希的父亲。他的妻子安朱莉利用自己作为人力资源经理的专业知识，帮助拉维设计了一个可以实现家庭四赢的办法：每周五早上与团队中的新成员举行早餐会。这就意味着拉维周五的时候得提早出门，而安朱莉在这一天要负责送孩子们上学。但他们相信，这个实验会在所有领域产生积极的效果。拉维说：

这将帮助我主动地委派、授权和指导年轻的团队成员，让我成为更好的管理者，进而提高我的职业成就感。久而久之，我也能更加自由地在工作中专注于我的重点项目，把精力用于完成更重要的任务。而我与新入职的同事也会建立更为牢固的关系。甚至我还可能把更多的工作委派给初级团队成员，让他们充分发挥自己的才能，而我就可以有更多的时间在家陪伴妻子和孩子了。

亲密时光实验帮我们颠覆了一个令人讨厌却根深蒂固的认知——我们遇到的种种问题的根源，都是因为缺乏时间。**这些实验督促我们充分利用自己所拥有的时间，提高我们在某一特定时间段内的专注度。作为领导者，注意力就是我们最大的资源。无论是在工作中，在家里，还是在社区，选择把注意力放在最重要的人和事身上，就可以大大增加我们在生活的各个领**

域产生溢出效应[1]**或连锁反应的机会。**

学会放手

很多人自称完美主义者，他们愿意不惜任何代价在生活的各个方面争取成功。我们试图帮他们重新定义"成功"，帮他们减轻因"想把每件事都做到完美"而产生的压力，但他们其实很难真正接受。我们认为，所谓"更大的成功"，就是过一种与自身价值观更为接近的生活，有时就意味着我们要减少工作。

有一种实验价值非凡，那就是放弃那些你觉得自己应该做，但根据你的价值观、愿景，以及核心利益相关者的反馈，你其实不该做的事。

项目经理莉莉·康拉德和网页设计师布拉德·康拉德有一个三岁的女儿扎娜赫，他们很早就决定要尽可能地多抽时间陪伴女儿，共同拥有尽可能多的亲密时光。实际上，他们也的确做得很好，扎娜赫平时要上托儿所，除去睡觉时间，她在家且醒着的时间其实并不多，在这些时间里，莉莉和布拉德决定关掉电子设备，专心陪伴女儿，设立"扎娜赫时间"。他们夫妻二人同心协力，在亲密时光中将所有注意力都放在了孩子身上，且收效颇丰。莉莉和布拉德觉得自己扮演好了父母的角色，但这也给他们带来了压力——他们必须在"扎娜赫时间"之外做

1　Spillover Effect，指一个组织在进行某项活动时，不仅会产生活动所预期的效果，还会对组织之外的人或社会产生影响。

好所有事。莉莉要在工作日离开办公室去采买家庭用品，布拉德只能在扎娜赫睡觉后才能去健身，这给他们个人的工作和生活带来了诸多问题。现在，莉莉和布拉德开始在如何陪伴扎娜赫的问题上质疑自己从前的做法。

他们决定进行实验——轮流做"领导力父母"，当一方作为领导力父母的专心陪伴扎娜赫时，另一方就去做别的事。比如，莉莉可以画油画，布拉德可以一边看体育节目一边在跑步机上慢跑。莉莉和布拉德放弃了同时陪伴扎娜赫的想法，但他们认为，这样可以让一方解脱出来，而且对扎娜赫也会有好处——她可以和他们每个人单独相处，双方也能以自己的方式陪伴扎娜赫，对方也不会像以前那样在一旁指指点点，造成他们的关系紧张。多出来的空闲时间让他们感觉心态不再紧绷。起初，他们也感到内疚，觉得好像没有达到"好父母"的标准。但是经过几周的实验，他们意识到过去的方法的确行不通，庆幸终于找到了新节奏。

你可以思考一下，自己在哪些方面为了追求完美，或者只是为了完成不切实际的期望和指令，就贸然超额完成了任务。无论你的房子有多干净，你的报告格式有多整齐，你为孩子的班级里做了多少志愿工作，现在，你都可以试着让某些事顺其自然发展，而不是事必躬亲。**如果你担心自己的事业会因此受到影响，那就记住我们的研究结果：当人们减少对工作的整体关注，增加对高优先级的任务的关注，将部分注意力转移到生活的其他方面时，反而会在工作上取得更好的表现。**在工作上投入的时间和注意力越少，表现就越好，这看起来似乎很矛盾，但如果你懂得用更巧妙、更高效的方式工作，并做到心无旁骛，就能领会其中的诀窍了。

记住，这些只是实验。如果你发现自己在一个实际上非常重要的标准上有所放松，并造成了不良后果，那么你随时可以恢复从前的做事方式，并尝试其他实验。

协调好家务

为人父母需要高超的协调和沟通技巧，很多时候，我们都必须明确某件事究竟该谁来做、何时做、何地做，以及如何做。在生活中，许多人都严格地遵守常规，即使是谁来叠衣服、怎么叠毛巾这种小事，可能都已经早早植根于我们的脑海中了——更重要的是，我们似乎从未想过改变，不过，你可能会因为我们给你的练习而开始质疑自己的习惯。在我们的研讨班中，一些参与者决定尝试用新的方式安排生活，并就家务问题与家人进行沟通，或交换角色以及责任。

以色列侨民萨布拉·卡比尔和雅利安·卡比尔住在康涅狄格州，雅利安所在的医疗用品公司正处于初创阶段，工作非常忙碌，他们决定创建一份家庭日历，以便更好地协调他们的生活。（孩子）丹亚要去游泳队训练，阿达尔要练习空手道，萨布拉从事咨询行业，雅利安则经常出差，萨布拉和雅利安会把自己的日程安排写进家庭日历，并帮助孩子们添加课外活动，生日聚会，在周末专门安排时间和孩子们一起做饭。他们认为，这样不仅能帮全家人规划每周的生活,还能教孩子们使用电脑和管理时间的技能,他们期待拥有这张家庭日历后,不必再把每个人的时间表都记在脑子里,可以避免重复预订餐馆座位或忘记体育训练,他们的压力也就能减轻了。实验起初一切顺利,他们认真地将各自的活动输入家庭日历,并按部就班地执行。但很快,他们就半途而废——因为填写日历成了他们不得不做的事情,让他们苦不堪言。在反思这个实验的失败之处时,雅利安说:"填写日历原本是为了帮我们处理一大堆琐事,但任由这些事同时发生,或许才是症结所在。接下来,我和萨布拉打算尽量简化我们的日常工作。"

对于另一些家庭来说,调整完成各项任务的时间和地点显然更为明智。例如,佐伊和卢克·贝利决定,让卢克承诺每周至少两天要在下午五点半前回家,陪家人共进晚餐。但卢克担任首席技术官的时间并不长,因此觉得非常有必要用加班来证明自己对工作的热爱,而佐伊在孩子们出生后就离开了教师的岗位,因此现在做晚饭、看孩子这类任务都是由佐伊来承担的。卢克总是加班加点,最后一个离开办公室。他承认他的潜意识驱使他这么干,因为这样会让他感觉自己对公司有贡献,但这却给佐伊带来了困扰,她总是拿不准卢克几点才能到家,晚饭无法及时准备。

经过共同反思,佐伊意识到在一段时期内,她将不得不忍受卢克的加班,但他们都想找到一种方法,至少让卢克能有回家和孩子们一起吃饭的时间,佐伊也能对他下班的时间有更大的把握，于是他们就制订了那个一周两天五点半前回家的计划。虽然这个计划只需要卢克调整自己的工作时间表即可，但他们依然感觉这是在共同参与实验。卢克说：

> 我把实验的事告诉了我的老板和同事，并争取到了他们的支持，他们表示会帮助我在每周四和周五下午五点十五分就下班。没想到他们都非常认真地把这件事放在了心里，如果我开会开得太久，老板还会提醒我注意时间，我的同事们都希望我生活得幸福。不仅如此，我觉得自己现在也不是只知道加班的可笑榜样了。同事们都知道在我的心目中生活也很重要。一位同事甚至承认，当他在一个周五听到老板提醒我准时回家后，他觉得自己可以更自在地在职场谈论家庭了，这是我们企业文化的必要变革。我带头提出的小倡议对我的良好声誉起到了积极作用。而佐伊知道可以在自己的日程表上安排一些计划，包括和朋友散步、参加家长之夜等后，感到自己比从前平静了许多。

践行共同价值观

父母常常会注意到，他们口头上说的对自己很重要的东西的重视可能没有体现在行动上。如果你发现自己在第二章中列出的重要价值观并没有在日常生活中体现，那就该思考一下自己可以做出哪些改变，让家人更加充分地理解和接受你的价值观。这倒不是叫你忽略自己的价值观，也不是要你换一种全新的生活方式，而是帮你找到简单、有创意，同时又很有趣的方式，你可以去做你认为真正有价值的事。

你可以选择一些你认为重要的事，从中探索新的、可以体现你的价值观的方法。乔伊斯·卡萨诺和安东尼·阿塞托希望自己的孩子能学会坚持不懈地面对生活中的挑战，他们当然不打算给孩子们的生活增加真正的困难，但他们发现可以通过让孩子们继续上游泳课的方式达到目的。之前上游泳课的时候，孩子们总是向他们抱怨和哭泣，他们只好把课停了。现在孩子们长大了一些，乔伊斯再次为他们报了周六早上的游泳课，同时也给自己报了名，乔伊斯高中时一直是游泳高手，因此她希望自己的孩子们也能爱上游泳，她计划在每次课后，全家人一起吃午饭。乔伊斯想让孩子们明白，游泳可以教会他们坚持不懈。

乔伊斯和安东尼还看到了这个家庭四赢计划的潜在好处。作为一名法官，安东尼正在建立各种关系，并尝试为当地各类活动做出贡献。如果孩子们不再怕水，他们就打开了一扇新大门——安东尼可以与家人以及朋友们在海滩上度过更为轻松的趣味时光。

出乎他们的意料，孩子们并不排斥上游泳课，也没觉得学习游泳多么困难，看来这并不是夫妇俩想象中的那种可以培养孩子们的勇气和毅力的课程。但他们很高兴能与孩子们谈论该如何克服挑战，为他们的生活增加了一项有趣而健康的活动，更重要的是，他们每周都能有一顿令人期待的家庭午餐，游泳课也对他们的社交、工作和个人生活产生了积极的影响。

乔伊斯和安东尼将一个相当抽象的价值观，与一个具体的实验联系了起来，而开展实验的想法通常很直接，并不怎么需要创造性思维。例如，**如果你重视宗教信仰，却很少参加宗教活动，就可以试着带一家人参加宗教仪式；如果你很关心健康，却非常讨厌去健身房，那么你可以探索更多的户外健身方法；如果你很重视原生家庭，但极少和父母或兄弟姐妹交流，那你可以定期安排与他们会面。这些做法虽然普遍，却经过了有意识的思考。**

我们所提倡的实验不仅是在日程表上增加一个项目，而是从新的角度看待生活，运用有效方法让工作、家庭、社交和自我发展达成共赢，**那些在生活中看似不同的领域，实则都是一个整体的组成部分，它们相互支撑、彼此成就。**只要你能意识到这一点，即使实验结果没有达到预期，也能帮助你逐渐培养一种能力，让你在自己的生活中找到更多的和谐与宁静。

构筑健康

很多父母对健康口头上的重视度和为健康投入的关注度之间存在巨大差异。不管有没有孩子，人们都有着对身体健康和心理健康的追求，但成为父母之后，情况就会变得有些复杂，因为我们寻求的是家庭四赢，而不仅是自己四赢。现实总是充满变化，家庭成员会彼此影响，因此任何改善计划都必须面对这些错综复杂的家庭情况。但如果你非常关心自己的健康，也确实花了时间去追求健康,就会对你的情绪和精力产生积极的影响,而你周围的人,比如孩子、同事,以及其他人,也都会被你的积极情绪感染。

每次我们与一群职场父母交谈的时候,几乎都有一些人会提出这样的想法,比如早点起床,在孩子醒来前健身。我们不愿泼冷水,但这种实验注定会以失败告终,他们也会很快发现这只是一个不切实际的期望。因此,在关注自己的健康时,也请你想一下这个实验应该放在什么场景下,才能让你和家人都感到兴奋、愉快,而且是容易实行的。

担任零售业高管的卡米拉·奥洛夫和她的丈夫投资银行家彼得·奥洛夫都意识到,他们目前正过着出门坐车,进门就坐在办公桌前的枯燥生活。虽然卡米拉喜欢瑜伽和健身操,彼得喜欢远足和越野骑行,但他们都被困在了久坐不动的现状中。他们不希望让年幼的女儿夏洛特看到父母忽视健康,更不希望她长大后也忽视自己的健康。于是,彼得和卡米拉决定尝试"结伴散步"实验:每个周末至少带着女儿和狗散步一小时。这个实验的目的有四个:其一是让夏洛特参与实验,哪怕她多数时候坐在婴儿车里;其二是增加他们共度亲密时光的时长;其三是完成他们的遛狗任务;最后,散步能让他们动起来,他们就可以精力充沛地投入工作了。他们有时走走当地的小路,有时在镇上的大街上漫步,他们也希望能多认识一些附近的新朋友。

几周后,彼得和卡米拉告诉我们,他们现在不仅在每个周末，甚至连工作日晚上也会一起散步。卡米拉只有 1.5 米高，因此必须加快步伐才能跟上 1.8 米高的彼得，但她乐在其中。结伴散步带来了一些意想不到的收获，彼得意识到，多亲近自然对他来说非常重要，但他以前忽视了，卡米拉则觉得自己和狗狗的关系更亲近了——要知道，自从夏洛特出生以后，狗狗就再没有得到过这么多的爱和陪伴。虽然一个小时的散步时间可能对一些人来说并没有什么深刻的意义，但对卡米拉和彼得而言，却是一个重要的改变的契机。

构筑关系网

虽然我们在研讨班中展示了大量组建人际关系网的重要性的研究资料，但许多父母仍持怀疑态度，而且大多数父母觉得自己根本没时间打造人际关系。当然，谁也不可能一下子就加入家长组织，去教堂做志愿者，或者有精力和保姆搞好关系，每周参加一次妈妈之夜，并同时修复和兄弟姐妹之间的关系，等等，但并不意味着我们就应该坐以待毙。

艾米·布伦纳和杰克·布伦纳自称他们性格内向，但他们还是决定走出自己的舒适区——他们决定在位于波托马克河畔的自家后院举办夏季户外电影之夜，并接待附近的邻居。这看起来是个理想的实验，一方面，举办户外活动不用打扫房子，花费也不大，投影仪也是家里现成的，他们还有一块正好可以用来当幕布的白色床单；另一方面，他们还可以通过这个实验交到一些朋友，如果能与邻居建立友好的关系，那么以后需要帮助的时候，他们也能去求援。另外，孩子们也可能因此交到随时都能在街区里一起玩的好朋友，而不必每次都依赖父母提前安排，特意给孩子安排聚会的话，父母们还得按时接送他们，不得不在镇上来回穿梭。孩子们有了新玩伴，艾米和杰克也能腾出一些时间放松或解决家庭琐事。

但天有不测风云——一场雷雨从天而降，第一次户外电影之夜没能成行，但布伦纳夫妇没有放弃，他们主动邀请了并不相熟的邻居，坚持举办了几次电影之夜。在布伦纳夫妇的引领下，附近的年轻人的家庭组成了一个非常活跃的团体。他们常常组织烧烤或者足球比赛。艾米和杰克发现这个实验对他们自己和孩子都产生了非常积极的影响。随着夏天逐渐过去，他们需要设计新的实验，而新的实验要既可以在较低的温度下举办，又无须他们精心打扫房子。

表 7-1　六项家庭实验

类型	详情	示例
创建亲密时光	充分利用与家人在一起的时间，通过共同行动加强情感连接	·享用没有电子产品的家庭晚餐 ·进行一对一的交流 ·开启家庭游戏之夜
学会放手	不要在某些事情上过于追求完美而浪费时间，导致顾此失彼	·指派下属编写每周报告 ·订外卖，不在家做饭 ·不主动做学校的家委会成员

（续表）

类型	详情	示例
协调家庭琐事	采用新的方法完成多件事项的目标	·建立家庭日历 ·轮流接送孩子 ·提前与同事协调会议和日程安排
践行共同价值观	关注价值观，做那些很重要却没被关注的事情	·去动物收容所做志愿者 ·养成感恩的习惯 ·规划每周的家庭游戏时间
构筑健康	关注家人们的身体健康和心理健康	·全家人去健身房跳健身舞 ·为全家人设定更早的就寝时间 ·家庭中的女性每年做一次乳腺检查
构筑关系网	加强与那些能在生活中支持我们的人和团体的联系	·成为孩子业余活动的领队 ·组织邻里聚餐 ·在孩子的学校做志愿者

合力创造改变

能为你提供支持的关系网在你的实验中发挥着至关重要的作用，这些人可以帮助你思考该如何设计改变计划，并提供现实参考，督促你全力执行。他们可能会对你的计划充满好奇，因为他们自己或许也能从中受益。获取他人的支持在实验的设计和实施中至关重要，因此，本书有针对性地推进了一步：由于你需要和家人合作完成实验，所以你更需要获得包括你的育儿伴侣和你的孩子在内的家人的支持。

那些没有育儿伴侣的人应该意识到，"育儿伴侣"可以是一个广泛的定义。克里斯特尔·张是一位单亲妈妈，她的两个儿子分别由她和前夫抚养，而她的新男友有两个孩子，克里斯特尔刚开始在硅谷一家初创公司担任销售副总裁。她表示，尽管自己和前夫共同抚养孩子，但她觉得无论是在情感上还是智力上，她的前夫都不是理想的育儿伴侣。当克里斯特尔思考自己想要什么样的实验伙伴时，她回忆道，自己在沃顿商学院攻读工商管理学硕士学位的时候，和同学基亚拉曾在上斯图的《全面领导力》课程时一起创建了一个实验，叫做"冥想伙伴"。

当时的克里斯特尔还没有孩子，而十多年后，当她重新审视该如何开展实验时，首先记起的竟然是自己与基亚拉的尝试，以及与朋友一起冥想对自己带来的变革性影响。克里斯特尔决定再次联系基亚拉，问她是否有兴趣重新启动"冥想伙伴"实验。基亚拉非常热情地接受了克里斯特尔的提议，随后，她们讨论了再次进行冥想可能会对各自的生活产生的感受和影响。

练习二十：构思实验

实验充满了无限可能性。既然你已经掌握了实验的思维方式，并且了解了不同类型的实验，那就开始自己设计实验吧。在这个过程中，请你遵循我们在本书中建立的模式：先从你自己开始，然后与伴侣合作。

请重新审视你在学习第二章时写下的价值观，写下它们后，你做了哪些努力？你的价值观是否发生了改变？哪些价值观是你想在日常生活中更加充分地践行的？请你再次阅读你和伴侣一起构想的未来愿景，并思考该如何接近愿景。回顾一下你与伴侣、孩子、同事和亲朋邻里的谈话记录，你是否从记录中发现了和谐共赢的机会？如果你所采取的行动对你和家人有所助益，那么你周围的人又能从中获得哪些益处？

写下你的想法，思考一下你需要尝试哪些活动才能达成家庭四赢的目标。本练习的目的仅为产生新想法，所以即便你的想法难以落地，甚至完全是天马行空的，也无须担心。接下来，你要做的就是完善自己的想法，并制订实验计划。

不要轻易评价自己的想法，记录下它们即可。请你先设定五到六个有一定可行性的实验，并从中筛选两到三个，和你的家人共同完成。

你对家庭四赢的初步想法

先用一句话描述每个实验，再用一句话指出你希望这些实验如何为你的生活，包括你的工作、家庭、社交，以及自我发展创造价值。

最好的主意

现在，先阅读你刚出炉的实验创意列表，考虑以下几点，为列表里的各种选择进行优先排序。在这些想法中：

哪个做起来最容易，最有趣？

你和伴侣放弃哪个的代价最大?

哪个可以帮助你和伴侣增进对自己的了解,以及知道自己究竟想成为什么样的人?

哪个最有可能真正在工作、家庭、社交和自我发展四个领域为你和伴侣带来好处?

选择其中两到三个进行实验,并进一步确认这些实验是否可以提高你们的生活积极性。接下来,在你们对每一项实验的描述中加入你们对它充满热情的原因。

分享你的实验想法

和伴侣轮流描述你们各自对实验提出的设想并询问对方的看法。然后请你们一起回答下列问题,并写下答案:

1. 在你们分享的实验中,有没有主题相同的?

2. 是否有实验引起了你们一方或双方的担忧甚至反对?

3. 最能让你们感到兴奋或好奇的实验有哪些?

夫妻双方应共同参与实验。这意味着如果要发生改变，需由你们其中一人负主要责任，而另一个人仍要积极参与促成实验，并相信实验将会帮助你们的家庭达成四赢。你们都是实验的主持人，都要参与实验的设计、执行、跟踪、反思，并从中总结经验，学习新知。

在佐伊·贝利和卢克·贝利的案例中，卢克的主要责任就是确保自己在一周中能有两天按时下班，妻子佐伊主动调整了自己的作息，在每周的那两天早晨督促卢克早点出门上班。在实验中，一方对另一方的支持包括情感上的抚慰、监督和鼓励，以及一些具体的协助，以便减轻另一方的压力。

子女也可以在实验中发挥重要的作用，而作用大小取决于他们的年龄和能力。你可以向孩子询问他们对正在筹备的实验有什么建议，当然，即使你的孩子感受到了实验所带来的好处，也可能视而不见。例如，孩子们可能不知道你会在工作日的午休时间抽空去散步，也不知道支付账单的家长从一个换成了另一个，但这些改变给家庭生活带来的益处孩子们是能感受到的。比如，你的心情因午间散步而更加愉悦，进而更愿意在晚上与孩子们多做几个游戏。而这种关联正是四位观的核心。

通过实验，你的孩子可能比从前更容易接受新的观点和新的生活方式，也更加富有好奇心，因此，我们建议你和你的伴侣至少设计一个能让孩子直接参与的实验。实验要趣味十足，要能振奋人心，更要对所有家庭成员都有好处。

安朱莉·贾恩和拉维·贾恩的共同愿景是在退休后创办一家环保公司，但他们现在已经等不及了，他们想立即参与社区的环保事务。不过，安朱莉和拉维目前的工作分别是人力资源和运营，忙碌的生活让他们无暇参与志愿服务。在孩子出生前，他们还有余力在社区花园做志愿者，帮助朋友搭建雨水桶，并向环境保护基金捐款，孩子出生后，他们就很少能抽出时间做这些事情了，因此，他们的孩子们对父母在环保方面的热情始终一无所知。随着两个孩子慢慢长大，十几岁的他们变得越来越以自我为中心，安朱莉和拉维认为，他们应该向孩子们强调帮助他人的重要性，他们有必要重新参与环保活动，践行自己的价值观。于是，他们精心设计了实验，并发现这样的实验既可以帮助他们结交新朋友，也能让他们为社区做出更多贡献，也能减少他们对孩子的担忧，让他们可以更好地投入工作。

安朱莉和拉维举行了一次家庭会议，他们和两个孩子一起根据全家人的时间表、年龄和兴趣寻觅合适的志愿活动以及志愿组织，随后，他们选择了一项志愿服务：在动物保护协会照顾等待收养的猫狗，让它们多与人接触。安朱莉和拉维最初只是把志愿服务当做实验的一部分，但后来他们意识到，让孩子们寻找不同的志愿服务机会本身就是非常有益的活动，可以培养他们的自我效能感，相信自己拥有改变生活的能力。

> **练习二十一：创建实验方案**

请你与伴侣一起确定，哪些实验最有可能帮助你们的家庭达成四赢，写下两三项实验并进行讨论和改进，直到你们都对此充满热情。

接下来，请你陈述每个实验的目的，然后写下你们对下列问题的回答。因为这些问题都是你们在推进实验时需要记住的事。

草拟你们的策略方案：

1. 实验的目的是什么？

2. 你们打算给这个实验取什么名字？

3. 你们具体打算为这个实验做些什么？

4. 这个实验将如何促成家庭四赢？

5. 你们如何评价这个实验是否成功？

6. 你们可能需要克服的障碍有哪些？

7. 这个实验需要哪些资源？

8. 不论这个实验是否能成功，你们希望从这个实验中学到些什么？

在你们回答第四题和第五题时，请使用下方的记分卡。

使用记分卡的目的是迫使你们把注意力集中在不同的事情和关系上，假如你在回答问题时遇到瓶颈，请试着思考这个改变可能对你生活的其他方面产生什么影响。例如，如果你的身体变得更健康了，你的工作状态会有什么不同？你们与孩子的保姆或老师的友好关系将如何帮助你们成为更为高效的家长？如果你在工作中投入更多，这会让你和伴侣的关系发生哪些改变？尽管这些联系一开始可能并不明显，如果你们能尝试发现这些相互关系，就能准备得更充分，从而抓住机会，实现家庭四赢。

填写记分卡

下方的表格为参考模板，但你可以创建适合自己的记分卡。请你在记分卡上写上实验名称，然后填写空格。

目标：描述你对每个实验的效果的预期，即你期望它对你的伴侣和孩子以及你的职业、社交和自我发展分别产生怎样的影响，这些影响既可以是直接的，也可以是间接的。请你用真实姓名替换表格中的"伙伴一"和"伙伴二"。

如果你和伴侣在社交方面的交往目标一致，那么效率会更高，你可以将"伙伴一"替换为"我们的伙伴"，并忽略下面的"伙伴二"。

我们强烈建议不要在"目标"项下留空白，即使你一时想不清楚，也要指出这一行动可能对你生活的哪一方面产生积极影响。如果新的行动只关乎你的家庭、事业、社交或者自我发展中的一项，那么它就不算完整，尽管这一行动可能会为你带来积极的变化，但如果它不能同时给其他领域也带来益处，那么迫于来自其他领域的压力，你就不太可能坚持下去。因此，你们设计出的实验一定要对你的家庭和所有领域都有积极的影响。

记下你所取得的进展，并标明你在何处停滞不前。这些信息既可以是非常客观具体的数字，例如你工作了多少小时，体重减掉了多少，孩子在学校的成绩，你们一起外出的次数等，也可以是完全主观的想法，例如你对某位邻居的看法，你的同事是否认为你精力充沛、富有同情心，或者你是否感到充实、幸福等。

表 7-2 实验记分卡

实验名称：

领域	目标：预期的影响	指标：影响度测量结果
家庭：伴侣		
家庭：我们的孩子		
职业：伙伴一		
职业：伙伴二		
社交：伙伴一		
社交：伙伴二		
自我：伙伴一		
自我：伙伴二		

开始行动

现在你已经准备就绪，可以展开行动了。

·从现在开始，迈出一小步，将你的计划变成现实。

·在前进的过程中，定期与伴侣、孩子，以及任何与你有关的人进行交流，分辨哪些行动有效，哪些行动无效。

·根据在实验中遇到的新障碍和新机会，不断调整计划。

·尽可能多地回顾你的目标并跟踪你的指标，这样可以帮助你充分了解自己做得如何。

·试着在实验中寻找乐趣。

此时，你们已经了解了实验可能给你们带来的益处，甚至已经跃跃欲试了，但也请你们注意，实验大概率不会完全按照你们的计划进行。一切就绪，赶紧去尝试吧！

Parents Who
LEAD

第八章
新的启发

Parents Who

完成前述练习后,相信你在生活中的各个方面的领导力均有了显著提升。通过和家人制定共同愿景,勇敢地进行对话,探索共同需求,达成共识,寻找改善生活的新方法,或许你的生活已经出现了一些变化。

李·杨和格蕾丝·杨平时都忙于工作,同时还要照顾儿子亚当,并带他治病,他们希望自己的生活能够多一些平静和乐趣,能偶尔抛开一切放松一下就可以了。随后,他们从整个家庭的角度出发,反思了自己究竟关心什么,想成为什么样的人,并和那些对他们非常重要的人进行了沟通。然后他们开展了三项实验:为基因研究筹集资金,在晚餐时与同住的格蕾丝的父母进行更高质量的沟通，以及与李的父母探讨该如何更好地关心亚当。

实验进行了六周后，我们向李和格蕾丝询问实验的进展。李和格蕾丝自豪地向我们报告了第一件事：他们为亚当所患的遗传疾病研究筹集了五万多美元。这次筹款超出了他们的预期。格蕾丝告诉我们："现在我成了变革的催化剂，而不是在别人承担责任的时候袖手旁观。"李也说了类似的话："我再不是生活的受害者，我可以为我们所渴望的未来铺路。"

同时，他们夫妻的关系也发生了一些变化："我们以前是爱人，一起组建家庭、生儿育女。但当我们发现可以运用自身的才能影响更多的人时，我们又成了可以相互促进的伙伴，我们可以一起改变现实，共同创造未来。"

他们两人与亚当的关系也有所改善，李和格蕾丝表示："虽然亚当太小，还无法理解发生了什么，但如果我们能让他知道正是他带给了我们力量而不是伤害，他就会快乐一些。"

关于工作，他们写道：

格蕾丝在实验的过程中展示了自己的领导能力，在公司，她将个人生活和盘托出，并主动寻求同事的支持，格蕾丝还加强了同老板的关系，她所在团队甚至还捐赠了资金并拍卖物品。李非常在意自己的工作，但他同时希望能提高工作效率，不要让工作影响了自己的个人生活。最近，我们都做得很好，我们一边管理自己的工作，一边努力成为好父母、好邻居。然而，这是一项需要持之以恒的任务，一旦我们有所松懈，工作就会重回高地。

关于他们的密友,他们写道:

我们把自己的故事告诉了朋友,并向他们求助,拉近了我们之间的距离。我们了解到,其实朋友们很想参与我们的"真实"生活,他们很想陪伴在我们身边。现在,我们已经学会了该如何让他们参与我们的生活,很多朋友也都参加了这次募捐活动。

关于亲戚,他们写道:

我们也改善了与家人们的关系。坦诚的对话加深了家庭成员之间的理解,也让我们对彼此更有耐心,我们努力让他们产生"我们是一家人"的感觉,他们也不仅是帮我们带孩子的看护员。

格蕾丝和李说,他们把自己视为引领者和倡导者,他们觉得自己可以帮助那些和亚当得了同一种病的人:"这次实验帮助我们开阔了眼界,我们不再把眼光局限于自己的生活。"

现在,请你们参考我们在第三章中介绍的四位观评分表,盘点一下自己已经取得的成绩,并回想一下实验开始时,当下的情况有什么不同。

身处蒙特利尔的肯·哈伯德和阿什利·哈伯德正在想方设法地拓展自己的人际网络。他们分别在实验前后填写了四位观评分表,通过对比,他们发现自己看待生活的方式发生了一些重大变化。

阿什利和肯的生活并没有被彻底改变,他们也没有就要将注意力集中在哪些方面的问题做出重要调整,而只是微调了对重要事项的注意力。但就是这些细小的改变,让他们对生活各个方面的满意度都有所提高,这和许多父母在与我们合作之初所持的观点形成了鲜明对比——他们执拗地认为,要想改善生活的一个方面,就必须牺牲另一方面。

表 8-1 肯和阿什利四位观的变化

	重要程度(实验前)	重要程度(实验后)	关注度(实验前)	关注度(实验后)	满意度(实验前)(1~10分)	满意度(实验后)(1~10分)
肯的变化						
职业	45%	40%	45%	40%	6	7
家庭	35%	40%	40%	40%	6	9
社交	5%	10%	5%	10%	4	6
自我	15%	10%	10%	10%	3	7
阿什利的变化						
职业	30%	25%	40%	30%	4	8
家庭	50%	50%	45%	45%	4	8
社交	10%	15%	10%	15%	5	7
自我	10%	10%	5%	10%	3	6

即便你不彻底改变生活，家庭四赢也是可能实现的，不论是调整看待生活的方式、调整注意力，还是调整与他人的交往方式，都将为你带来意料之外的影响。

实验进行了两三个月后，蒂娜·奥特曼和杰克·森特描述了各自的变化。蒂娜说：

这个实验促使我和杰克交流了一些我们都想过但还没有正式讨论过的事情。一方面，杰克总算更能理解我作为一名在职妈妈的恐惧和担忧，以及我因忙于工作而对孩子们产生的愧疚；另一方面，现在杰克在家很少使用电子产品，他可以更专注地陪伴我，陪伴孩子。他以前总是经常玩手机，陪伴我们的时候也总是心猿意马。

杰克是这样说的：

现在，蒂娜能更自在地告诉我她对我的需求和期望，我终于不必专门找时间和她严肃地讨论这些问题了，这不仅关乎我们的关系，更关乎我们整个家庭的氛围和她的感受。我希望蒂娜能相信自己是一位出色的母亲和妻子，她一向很重视自己的事业，进取心很强，或许她觉得自己对家庭的投入不够，但我认为她已经做得很好了。而且我希望她能认识到，其实我和孩子们都看到了这一点。

我很感激蒂娜为了让我能坚持参与实验所付出的努力。她对谈话的态度非常积极，努力在谈话中接受我的想法，关注我的感受，让我更容易将这些实验视为我们共同的爱好。

杰克和蒂娜努力了解彼此，支持彼此的目标，这是他们的共同生活得以巩固的基础。

练习二十二：对比实验前后的四位观

我现在的四位观

请你再看一遍自己在第三章写下的四位观评分表——不仅要看你的，还要看伴侣的，再次填写这些表格将帮助你更深刻地了解自己所学到的经验教训。需要注意的是，填写你现在的四位观评分表时，千万不要偷看之前的评分表。

下方表格中的第二列询问的是这四个领域对你的重要程度，这些数字的总和应该是100%，第三列询问的是你在过去一个星期或一个月里对每个领域的实际关注有多少，给每个领域分配一个百分比，确保这些数字的总和也是100%。在最后一列中，请你用从1到10的等级评价自己对每个领域的满意程度，1表示"一点也不满意"，10表示"非常满意"。

现在，请你根据自己的情况填写表格。

表 8-2　我现在的四位观

领域	重要程度	投入的关注度	满意度（1~10）
职业	%	%	
家庭	%	%	
社交	%	%	
自我	%	%	
	100%	100%	

现在，请你将自己第一次填写的表格与你刚刚填写的表格进行对比，并仔细思考以下问题：

1. 比起从前，你现在的生活有了哪些不同？最大的变化在哪里？基本保持不变的方面有哪些？

2. 除了数字上的变化外，你对生活态度的变化体现在哪些方面？

3. 你现在想进行哪些进一步的改变？

像往常一样，请你在回答这些问题时做好记录。日后，当你与伴侣、同事、教练，以及其他人谈论自己的改变时，这些被记录下来的内容会给你提供有益的参考。

伴侣现在的四位观

在第三章,当我们请你用四位观审视自己的生活时,也请你一并审视你的伴侣是如何处理生活的不同方面,如何分配注意力,以及对每个领域有什么样的感受的。现在,你们已经共同完成了实验,再次反思可以帮助你们看到彼此的变化和保持不变的地方。这些洞察对你们领导自己的生活至关重要。

你可以根据你的伴侣在过去几个月所发生的变化完成四位观评价表。哪怕你的评价比较主观,也请你尽一切努力给你的伴侣做出最好的评价。

表 8-3 伴侣现在的四位观

领域	重要程度	投入的关注度	满意度(1~10)
职业	%	%	
家庭	%	%	
社交	%	%	
自我	%	%	
	100%	100%	

请你仔细观察,通过寻找共同愿景,共同设计和

新的启发

参与实验，你和伴侣的数据都发生了哪些变化？思考的同时，请回答下列问题。

1. 你的伴侣有哪些变化？

2. 现在，你对伴侣最大的期待是什么？

3. 在你们共同参与的本书的练习和实验中，你最欣赏的是哪些？

接下来，请你和伴侣分享彼此的答案。

反思实验

多年来,我们一直在推进创造家庭四赢的实验,我们发现,实验过程其实比实验本身更为重要。我们的方法有一个核心目标,就是帮助你们一家人怀揣着共同的目标和热情,用智慧的方法寻找更好的生活模式。而反思实验的全过程也非常有必要,可以帮你总结自己所学到的东西,包括如何设计可持续的变革,如何鼓起勇气尝试新的做事方式,以及如何让全家人团结一致,共同走向未来。在这个过程中,你觉得哪些做法效果好,哪些做法效果不好?在努力的过程中,你又有什么发现?你会很自然地意识到,比起实验结果,尝试和反思的过程对你的影响更为深远。

丽莎·戴维斯和埃迪·麦克唐纳的第一个实验就是让全家人在晚饭后一边散步一边捡垃圾。这个实验的进展非常顺利,他们既锻炼了身体,又陪伴了彼此,还为环保出了一份力。后来,他们还会偶尔和同事一起散步。目前,丽莎和埃迪已经准备把"捡垃圾散步"列入家庭日常活动中了。

他们的第二个实验计划是:埃迪在工作日的晚上要争取能在七点半前赶回家吃晚饭。在他们的构想中,这个实验也有一系列好处:丽莎和埃迪可以更为平均地分担晚上的家务,同时埃迪还能更多地与孩子们共度亲密时光。而丽莎也将拥有更多灵活的业余时间，可以做些自己感兴趣的事，比如参加聚会，网购，参加家长教师协会的活动等。不仅如此，回家吃晚饭还提高了埃迪的工作效率，帮助他划分事情的轻重缓急，工作表现也有所提升。

这个实验开始时也很顺利，在大多数日子里，埃迪都会准时下班回家吃饭，这大大减轻了丽莎的压力，她不必再独自承担晚上的家务，还可以抽时间参加家长教师协会的活动。但好景不长，情况仅在几个星期之后就发生了变化，埃迪因为工作表现很差，没能达到客户和管理层的期望而被批评。随之而来的是，埃迪回家的时间越来越晚，他说："如果早回家，就意味着我完不成工作，就会让客户和老板失望，我不能继续这样下去了。"

丽莎从未料到"埃迪回家吃晚饭"这个实验会给埃迪的工作带来这么大的压力，丽莎说："埃迪从来没有向我抱怨过，所以直到他的工作出了问题，我才意识到他多么焦虑。虽然我和孩子们都希望能有更多的时间和埃迪待在一起，但如果会严重影响他的工作，那就得不偿失了。"

按照他们最初的设想，这个实验应该给全家人的生活带来全方位的积极影响，结果却事与愿违。但丽莎和埃迪并没有觉得实验失败了，相反，他们重新构建了实验。埃迪说：

这个实验让我明白，我的工作量已然超出了合理的范畴，我不能对此置之不理。在过去几年的时间里,我在工作上承担了越来越多的责任,却没有做好工作的分派。如果我想有所改变,就必须与团队进行更深入的对话,重新思考我们的工作方式,而我们的下一个实验,可能就是要我在工作中发起这样的对话。

对丽莎和埃迪来说,这次实验让他们发现了一个隐形的障碍,而正是这个障碍在阻止他们达成他们想要的和谐局面。幸运的是,埃迪可以主动与同事讨论这些障碍,进而努力消除障碍,而且还不用担心会失去工作——这恰好显示了他的领导能力。但毕竟不是每个人都处于这样的有利境地,在职场上冒险有时候还是容易自找麻烦,不过,如果能帮助你找到阻碍你获得理想生活的事物,我们的实验就仍是有价值的。没有按计划进行的实验往往会暴露重要问题,并揭示出真正需要改变的地方。

在共同进行实验的过程中,你们的信心会随着时间的推移不断增加,会更愿意尝试新的生活方式,你和伴侣的共同语言也会不断增多,你们会想出更多改变生活的方法,也会看到更多塑造未来的机会。

练习二十三：反思你的实验

一些持久的改变往往来自已经失败或在实施过程中发生了重大变故的实验，因此，实验无法进行并不意味着失败，真正的失败是你没能从实验中有所收获，并吸取教训。

接下来，请根据每个实验回答下列问题：

1. 实验中到底发生了什么？实验是按照你们最初的设计进行的吗？你们有没有中途放弃？是否对实验进行了调整？

2. 从1分（彻底失败）到10分（圆满实现目标和结果），你给这个实验打几分？

3. 这个实验给你和家人的生活带来了哪些影响？比如你的人际关系、夫妻关系、亲子关系、工作表现，以及你的身心感受？

4. 你是否通过这个实验找到了引领生活的方法？哪些事你想继续？哪些事你想停止？哪些事你想换种方式？

以上这些问题可以帮你回顾在实验中的所学所感，并通过新的视角展望未来。

互相辅导

想要掌握自己人生的方向盘，成为生活的引领者，可不只是找到一些解决日常麻烦的小窍门，处理人际关系的小技巧这么简单的。或许你会在本书中找到一些非常有用的生活技巧，但你如果真的想达成家庭生活的四赢，就要把自己视为领导者，相信自己有能力为自己、为家庭、为世界创造由价值观和目标驱动的生活。

身为父母，我们有时会觉得世界变得越来越脆弱、分裂，越来越令人不知所措，因此，我们总希望自己的孩子能够追求和平、和谐、正义，并爱护地球。

在阅读本书的过程中，你可能已经意识到，自己花在孩子身上的时间并不是衡量养育质量的唯一标准，是否能满足孩子们对你的基本需求也是标准之一。在第四章中，我们将孩子对父母的基本需求分为四类：安全与保障，关心和关爱，价值观与道德，以及明确的期望，我们之所以这样分类，是希望你能去了解孩子对你们的真实需求，并思考你的孩子有哪些独特的需求？

在与孩子共同开展实验的过程中，你可能会改变对他们的一些看法。艾米·布伦纳和杰克·布伦纳在实验中发现，他

们那两个即将步入青春期的孩子比他们认为的更富洞察力,艾米说:

他们考虑问题非常周到,甚至在某些方面的洞察力远胜于我们,这完全出乎我的意料,他们如此诚实、有创造力,而且无所畏惧,不像我们一样拘泥于习惯。我们希望他们能在长大成人后依然保持这种状态。

彼得·奥洛夫和卡米拉·奥洛夫有一个蹒跚学步的孩子夏洛特,而他们的另一个孩子即将出生。起初,他们因为没有足够的时间陪伴夏洛特而颇为内疚,于是他们总在睡前给夏洛特讲很多故事,唱摇篮曲,还不停地拥抱和亲吻夏洛特。他们非常珍惜这段幸福的时光,但这种例行程序的负面影响逐渐显现——夏洛特变得越来越难以入睡,总是要求他们"再唱一首歌""再讲一个故事",后来,他们的睡前亲子时光甚至会拖上几个小时。

卡米拉突然意识到,或许夏洛特并不清楚自己需要从父母那里得到什么。于是,他们开始了"睡前习惯实验",彼得告诉夏洛特,他们将花十五分钟的时间拥抱和讲故事,十五分钟之后安静地躺在床上。彼得说:

我以为她会大闹一场,然后我们整晚都得听她哭闹。令我们惊讶的是,夏洛特只是抬头看着我们说了句"好吧"。自那以后，我们每晚哄她睡觉的时间大大缩短了，不仅夏洛特的睡眠得到了保障，我们也有了放松时间。那晚之前，我们任由内疚感、罪恶感支配我们的睡眠时间，也感到不能继续这样下去了，更何况另一个孩子即将出生，我们更需要让夏洛特学会按时睡觉。

艾米和杰克意识到孩子比他们想象中更富洞察力，而彼得和卡米拉意识到孩子有时候是难以区分需要和想要的，这些案例启发我们要允许自己打破偏见，以新的方式看待子女，也许会对我们的生活产生持久的影响。

欢迎惊喜

职场父母的生活充满了巨大的挑战，在本书的最后，我们要承认一点：没有一本书能把这段旅程变轻松，我们所有人都一直在挣扎，在被来自生活各方的强大力量拉扯着。但我们相信，正是这样的挣扎赋予了我们力量。

现在，你有了一些可以改变生活的工具，随着孩子的成长，职业抱负的转变，人际关系的加深，你会对这些工具愈发熟悉。书中的练习本身不会改变，但你做这些练习的经验是不断累积的。

除了充足的睡眠和要避免体罚孩子外，我们从不提任何有规定性建议，也不指示你该如何生活。我们的目标是让你和家人以及同事、朋友团结在一起，通过共同的价值观和愿景滋养你们的关系，以便你们相互支撑，达成共赢。

在这里，我们有一些提醒，希望对你有用。

你在生活中拥有的爱和支持比你以为的要多

许多父母都觉得自己是在孤军奋战。在研讨班中，父母们经常抱怨没有人帮助自己照顾孩子，却又认为维护人际关系，参加社会活动太浪费时间，后来很多夫妇的实验证明，维护人际关系和参加社会活动并不耗时。我们分享了李·杨和格蕾丝·杨的故事：孩子患病，他们感觉自己孤立无援，但他们后来发现，只要他们愿意积极寻求帮助，就会有很多人伸出援助之手。许多父母没有意识到，其实自己的朋友们也在挣扎，后来，他们开始互相帮忙，共担重任。

乱麻一般的日常生活总搅得你心神不宁，但你一定要相信，当你寻求支持，培养人际关系，并回馈他人时，你会发现自己其实并不孤独。

你并不像你认为的那样了解伴侣

在我们的研讨班中，许多夫妻都认为他们对对方了如指掌，毕竟有些伴侣已经携手相伴了十几年，甚至几十年，有这样的想法也不足为奇。但如果他们一直这样想，那么他们的夫妻关系就容易进入自动驾驶模式——自满变成了习惯，并阻碍了他们追求幸福。当伴侣们试着重新了解彼此，分享彼此认为重要的事，畅想未来的生活时，新世界的大门会就此打开，跨过门就能找到改变的意义。

我们讲过莉莉·康拉德和布拉德·康拉德的故事，他们发现，莉莉实际花时间做的事和布拉德以为她在做的事之间存在巨大差异，如果他们能够坦诚地说出自己的真实情况和所思所想，就可以更准确地了解彼此的期待，并找到对双方都行之有效的解决方案。

你对自己的期望并不总是真实的

我们听过很多关于好员工、好父母、好伴侣的故事，他们总能把一团乱麻的生活处理得井井有条，他们满怀热情，总能给予别人温暖与帮助。这些故事看似真实，但如果你能充分地与周围的人进行沟通，相互了解，就会对这些完美故事产生怀疑。蒂娜·奥特曼告诉我们，她总觉得好像自己永远无法达到别人对她的期待，因此总是心怀愧疚。然而当她真正开始询问别人对她的期待时，却发现其实大多数人对她并没有过高的期待，是她给自己的压力太大了。"这个发现给我松绑了，我终于重获自由。其实我不必对自己过于苛刻，也不必在做选择时总担心别人会失望，我应该遵从自己的本心进行选择。"

你拥有的自由比想象中更充足

生活中的很多事情我们无从改变，比如一个项目的截止日期，学校的开学时间，或者上下班通勤的时长。然而，生活中又有许多事我们可以改变，还记得卢克·贝利吗？他发现如果自己能征得团队和老板同意，那么每周就可以有两天能提前下班；还有乔伊斯·卡萨诺，她认为总是在家办公不利于事业发展，于是主动和老板提出只有每周三在家工作，这些变化都给我们留下了深刻的印象。身为父母，我们总觉得自己被现状束缚了，但我们也常常惊讶地发现，只要我们问出"这能改变吗"这一问题，情况就可能有所不同。即使有时候答案是否定的，也会让我们意识到，其实生活并非完全不可驾驭。

小改变创造大胜利

研讨班中的很多父母都疲惫不堪,他们被工作、家庭和生活的其他方面压得喘不过气来,在他们看来,解决问题的唯一办法往往就是彻底推翻眼前的一切。有时候我们的确需要全面的改变,但在做出类似辞职这种重大决定之前,请你一定要先清醒起来,你应该意识到,有时候一些小的改变也能产生巨大的影响,我们碰到的许多父母都为此惊喜不已。他们发现,原来通过精心设计的实验就可以达成四赢,改变自己对生活的感受,而不必从根本上颠覆眼前的生活。即便微小的如制订家务表,捡垃圾散步这样的举措,也能在你生活的各个方面引发积极的连锁反应。

你是一名领导者

在研讨班上,许多父母惊讶地发现原来自己确实可以成为生活的领导者,他们能够动员他人朝着重要的目标前进,无论是否在公司担任领导职务,他们都有激励他人的能力。他们不再仅仅把自己看作只能对事情起到监督和推动作用的被动管理者,而是开始把自己看作可以设定目标,带领他人前进的主动领头人。

在丈夫马科斯的支持下,艾玛·洛佩兹意识到自己可以通过关怀员工个人生活等举动改变公司文化,其实我们每个人都有能力以自己的方式为世界注入新的活力,不管是凭借一己之力,还是与他人齐心协力。

你会优先选择改变生活的哪些方面？这个问题的答案可能会随着时间的推移而变化。你可能想在日历上做个标注，提醒自己在一个月后回顾过去的改变，并与家人分享和讨论，然后再次寻找新的惊喜。

练习二十四：收获果实

在任何学习的过程中，最重要的部分是一个周期即将结束之时，在这个时期进行反思和总结，可以让自己收获成果，拓展能力。以下问题可以帮助你做到这一点。

首先，请你单独回答这些问题：

1. 在做这本书的练习时，你有什么惊喜？

2. 重读你在第二章中与伴侣创建的共同价值观和共同愿景，并根据你现在的看法，修改你们当初所写的内容。

3. 你和家人在练习中学到了什么，又收获了哪些改变？

然后再次与伴侣分享你的答案，并和家人们谈谈你接下来的计划，谈谈你将如何兑现承诺，和家人、亲朋邻里，以及同事们一起走向你们的共同愿景。

后记

我们希望现在的你能够看到,其实作为职场父母的你拥有比想象中更大的自由,你大可以选择过自己想要的生活。然而现实总会为职场父母制造巨大的障碍,让他们很难兼顾事业和家庭。本书无意讨论社会制度需要为工薪家庭提供怎样的支持,我们关注的是你在接下来的几个月和几年里能做些什么,以及怎样让你周围的世界变得更好。

我们希望身在职场且为人父母的你相信,你可以通过积极的行动改变自己的现状,给自己和家人带来更美好的生活,成为更加优秀的职场人,更温暖的父母,并从中收获更多成就感。
如果有必要,我们会一个家庭一个家庭的接触,尽管这好比愚公移山,我们希望可以借助本书,给更多家庭带来帮助。

现在,你拥有很多可以帮助你实现美好未来的工具,最重要的是，你要鼓励他人加入你的旅程，帮助他们在与你同行的路上发现自己的目标。当所有父母都觉得自己是生活的领导者时，所有人都会从中受益。

附录

互导交流

在与家长们的合作中,我们发现在创造持久而积极的变化,学习用爱和激情领导自己的过程中有一个关键因素,那就是来自其他家长的支持。因此,我们在研讨班中创建了"互导交流",让家长们组队,分享彼此的答案和计划,并提供反馈。这并不是要家长们必须透露自己的隐私,而是如果你愿意谈论自己的经历,那么你就可以得到一些较为中肯的意见。假如交流顺畅,那么这些家长在完成整个研讨后依然会保持联系,甚至会在有需要时监督彼此,重新训练,以防旧习惯死灰复燃。

搭建互导小组

在本书中,我们一直敦促你与伴侣分享实验中的各种要素,并通过提出问题、回答问题来相互指导,但当生活陷入忙碌境地时,你们很容易将本书的练习挪到待办事项清单的最后,而与其他夫妇的互导交流可以帮助你们坚持进行实验。此外,当你和伴侣忙于抚养孩子和追求事业,同时还需努力建设人际关系网并照顾好自己时,可能会觉得有些孤立无援,而当你和其他与你面临着同样挑战的家长们交谈时,你就会发现自己其实并不孤单。那些家长们告诉我们,仅仅是听到其他职场父母的故事,就足以鼓励他们,帮助他们获得新的视角,制订新的行动计划。

杰克·布伦纳居住在波托马克。他性格内向,和同样安静的妻子艾米一起开展实验,想要加强与同事、朋友,以及邻居的联系。杰克说:"当我知道并非只有我一个人疲于应付时,我感觉好了很多,没有人能解决所有问题,我们都在努力寻找更好的方法,而我只是其中一员。这让我感到放松,并且重新焕发活力。"此外,由于你和伴侣已经养成了同样的做事习惯,所以你们大概很难敏锐地发现自身的问题,而参加互导交流可以帮助你们从不同的角度看待问题。同时,当你指导别人的时候,也会对自己的领导能力、工作,以及工作以外的生活产生新想法。

另外,不是每个拿起本书的人都会拥有真正的"伴侣"。

得到

知识就在得到

你好,等你好久了

我是得到图书的编辑
我愿意为你的阅读体验服务到底

请添加我的微信,领取
《如何工作,家庭才能幸福?如何生活,事业才能成功?》
这本书的福利
还有机会加入书友群,一起终身学习

如果你是单亲父母或者再婚父母（你的伴侣尚未生育），那么主动和其他父母进行互导交流可以为你们建立友情。或许你会发现，互导交流不仅是相互讨论和监督，还能为你提供丰富的资源。

但邀请另一个人或另一对夫妇加入你的旅程也存在一定问题，因为你不仅会要求他们花时间阅读本书，花精力做书中的练习，还会要求他们了解你个人的价值观、梦想和人际关系。作为回报，他们可以监督你，听你分享对他们的看法，当然，你不需要在这个过程中透露任何让你感到不舒服的内容。

你不必成为一名专业的指导员，这篇附录为你提供了一些建议，可以帮助你和朋友、同事，以及家人使用一些基本的指导概念完成互导交流。但你们的互导交流不能代替专业的指导或咨询。因此，一旦生活中的问题已经严重到会引发危机，或者现有的资源不够，你就应该寻求专业的指导或咨询。

开展互导交流

同事、朋友、家人，甚至任何有兴趣和你一起做"领导力父母"的人都可以成为你的互导伙伴，你可能会发现，如果你们的孩子年纪相仿，那么与他们进行互导交流就非常有用，不过就算你们孩子的年龄差比较大，你也会有所收获。

等到确定了互导伙伴，你就可以找个时间和他们一起坐下来谈谈各自的目标。互导交流可以通过不同的方式实现，包括安排只有成人参加的晚餐，在孩子上床后视频聊天，以及在周末的下午电话沟通，其间，每个成员都应该全身心地投入谈话。

要想从第一次对话中就取得收获，你和伙伴们都至少应该读过本书的第一章，并回答书中关于个人目标和夫妻共同目标的问题。你们第一次会面的主要目的是说明各自对互导交流的期望，阐明自己最期待什么，最害怕什么。你越坦率，别人就越能知道该如何帮助你，你也就越容易实现自己的目标。

父母们发现有一种方式非常有用，那就是在见面讨论前先分享写有彼此答案的电子文档，在每个成员都阅读了其他成员的回答后，大家再相约见面，这样可以提高讨论的质量。

在和其他夫妇互导交流的过程中，你将有机会担任"指导员"和"客户"两个角色，每轮讨论由一个指导员和一个客户组对。为了从交流中获益，客户要尽力保持坦诚，并尽量控制自己，以免做出防御性反应，提出不真实的反馈意见。这着实有一定难度，毕竟为自身行为辩护是我们的自然倾向，因此，请你尽最大努力保持开放的心态，牢记你的目标不是驳斥对方，而是让自己获得新的视角，即便听到了让自己不舒服的问题或评论，你也要带着平常心去面对。

指导员的职责是理解客户的职场、家庭和重要人际关系情况，同时确定客户的优势和需要改进的地方。请你牢记客户的目标，并紧紧围绕这个目标提问，这有助于减少客户的防御反应。"我有一个问题，我希望这个问题能帮我更好地理解。你是怎样让自己和孩子在一起时,不去想工作上的事,不分散注意力的?"作为指导员,你可以这样说,因为这正是客户的目标之一。这样一来,无论指导员接下来想问什么,对方都必然会更为坦诚地接受。与此同时,指导员也要尊重客户的隐私和偏好,对于他们不愿意透露的信息,不要穷追不舍。

在聆听客户的发言后,指导员可以提供建议,也可以不提供建议,而是仅通过提问的方式鼓励客户独立寻找解决方案,好的问题有助于客户更好地了解自己,而这两种形式的指导都是有效的。至于要选择哪一种,取决于客户的需求。随着互导伙伴关系的发展,你们对彼此有了更深入的了解。此时,你会发现自己变得越来越游刃有余,甚至可以在建议和提问之间自由切换。

遵守互导价值观

无论你们选择了怎样的互导伙伴,都请记住互导交流的四个核心价值观:求知、合作、责任、同理心。只有坚持这样的价值观,你们才能让每个人都从互导交流中有所收获。

求知

求知意味着你们要尽量避免猜测,需要你们提出一些真正的问题,鼓励客户解释清楚他们的想法和感受。开放式问题是必不可少的，例如"你们两个喜欢和公婆或岳父母相处吗？""你们如何描述自己与公婆或岳父母的关系？"对于这两个问题，你们很可能会得到不同的答案，前者的答案可能更为狭隘。提问的目的不是提出前进的方向，而是探究某种说法的根源，这有助于鼓励客户找到新的发现。一个好的提问者通常具备以下特点：询问更多的细节，要求对方举例说明，并提出"如果……会怎么样……"的问题，然后倾听对方的回答，接着提出更多问题表明自己的兴趣。你表现得越好奇，就越能了解互导伙伴的真实情况，也就越能为其提供明确的帮助。

合作

互导伙伴要以合作的态度共同面对一切。但在这个过程中，你可能会惧怕改变，害怕进入难以预测的未知领域。而当你拥有互导伙伴的支持时，就会明确地知道自己将得到哪些帮助，比如确定改变方向、做出行动规划、反思行动效果等。及时给予其他成员帮助不但可以提升每个成员在小组内的价值，还可以使互导交流达到最佳效果。互导交流是一个真正的合作项目，其目标是让大家彼此支持，进而实现各自的个人梦想和夫妻的共同愿景。

责任

在寻找互导伙伴时，请你们分别考虑一下自己是否能够满足其他成员的期待。你们可以先简单地沟通一下，比如大家希望多久联系一次？是不是有人希望每周见一次，而有人希望每月见一次？你和伴侣能跟上小组制订的阅读和练习计划吗？你必须清楚自己能为自己的互导伙伴付出多大的责任心。一旦你同意了互导小组的参与规则，就务必尽力遵守，我们发现在互导交流中，一个人良好的责任感往往会激发其他人的责任感，这是一个螺旋上升的过程，每个人都能从中受益。

同理心

你和伙伴们可能会在互导交流的过程中产生冲突，毕竟你们可能有着截然不同的育儿观念和生活方式。身为指导员，你要尽力包容，不要对他们进行任何评判，而是通过倾听来支持你的客户，并以此表示你的同理心。你不需要认可客户所说或所做的一切，但你需要试着理解和尊重你们之间的差异，虽然你们处在共同学习的旅途中，但不同的人可以走不同的路。作为一名富有同理心的指导员，你可以帮助客户对那些棘手的问题进行深入思考，帮他们认识到自己是不是因为害怕被评判而停滞不前。你可以让客户勇于尝试新的方式，让他们知道不论自己的新方法是否可行，指导员都会关心他们。

如果你具备求知欲强、善于合作、有责任心和富有同理心这四个核心价值观，那么你的互导经历一定会富有成效，你将有更多的机会实现你和伴侣的共同愿景。

Parents Who Lead: The Leadership Approach You Need to Parent with Purpose, Fuel Your Career,and Create a Richer Life by Stewart D. Friedman, Alyssa F. Westring
Original work copyright © 2020 by Stewart D. Friedman, Alyssa F. Westring
Published by arrangement with Harvard Business Review Press.
Unauthorized duplication or distribution of this work constitutes copyright infringement.
Simplified Chinese edition copyright:
2023 Beijing Logicreation Information & Technology Co., Ltd. All rights reserved.

图书在版编目（CIP）数据

如何工作，家庭才能幸福？如何生活，事业才能成功？/（美）斯图尔特·D.弗里德曼，（美）艾丽莎·F.韦斯特林著；刘勇军译.-- 北京：新星出版社，2024.1
ISBN 978-7-5133-5315-1

Ⅰ.①如… Ⅱ.①斯…②艾…③刘… Ⅲ.①成功心理－通俗读物 Ⅳ.① B848.4-49

中国国家版本馆 CIP 数据核字 (2023) 第 179970 号

如何工作，家庭才能幸福？如何生活，事业才能成功？

［美］斯图尔特·D.弗里德曼　［美］艾丽莎·F.韦斯特林　著　刘勇军　译

责任编辑　汪　欣	**封面设计**　周　跃
策划编辑　白丽丽　章　凌　万　众	**版式设计**　严　冬
营销编辑　吴雨靖　wuyujing@luojilab.com	**责任印制**　李珊珊
封面插画　庞　坤	

出 版 人　马汝军
出版发行　新星出版社
　　　　　　（北京市西城区车公庄大街丙 3 号楼 8001　100044）
网　　址　www.newstarpress.com
法律顾问　北京市岳成律师事务所
印　　刷　北京雅图新世纪印刷科技有限公司
开　　本　635mm×965mm　1/16
印　　张　15.5
字　　数　155 千字
版　　次　2024 年 1 月第 1 版　2024 年 1 月第 1 次印刷
书　　号　ISBN 978-7-5133-5315-1
定　　价　69.00 元

版权专有，侵权必究；如有质量问题，请与发行公司联系。
发行公司：400-0526000　总机：010-88310888　传真：010-65270449